ONTOLOGIE

NATURELLE

OU

ÉTUDE PHILOSOPHIQUE DES ÊTRES.

PARIS. — IMPRIMERIE DE J. CLAYE

7, RUE SAINT-BENOIT

ONTOLOGIE

NATURELLE

ou

ÉTUDE PHILOSOPHIQUE DES ÊTRES

PAR P. FLOURENS

Membre de l'Académie Française
et Secrétaire perpétuel de l'Académie des Sciences (Institut
de France); Membre des Sociétés et Académies royales des Sciences
de Londres, Édimbourg, Stockholm, Turin, Munich, Gœttingue,
Saint-Pétersbourg, Prague, Pesth, Madrid, Bruxelles, etc.;
Professeur au Muséum d'histoire naturelle
et au Collége de France.

PARIS

GARNIER FRÈRES, LIBRAIRES-ÉDITEURS

6, RUE DES SAINTS-PÈRES

1861

Cet ouvrage est le résumé du Cours de physiologie comparée que j'ai fait au Muséum d'histoire naturelle en 1854.

Ce résumé fut publié, en 1856, sous ce titre : DE L'ONTOLOGIE, OU ÉTUDE DES ÈTRES ; *leçons professées au Muséum d'histoire naturelle par M. Flourens, recueillies et rédigées par M. Ch. Roux, revues par le professeur.*

Quelque soin que je mette, dans mes leçons, à être exact, quelque habileté que M. Ch. Roux eût mise à rédiger celles-ci, cependant bien des erreurs s'étaient glissées dans le livre.

J'ai tout revu, tout corrigé. L'ouvrage actuel est un ouvrage nouveau.

Il faut savoir, des êtres, comment ils se *spécifient*, comment ils se *forment*, comment ils sont *distribués* dans l'espace, comment ils se sont *succédé* dans le temps.

Ces quatre grandes questions se présentent, pour la première fois, ici, rapprochées et unies ensemble par un lien philosophique.

C'est là ce que j'appelle la *science des êtres*, ou *l'ontologie*, science nouvelle et qui ouvre le champ des grandes études physiologiques et zoologiques.

ONTOLOGIE NATURELLE

OU

ÉTUDE PHILOSOPHIQUE DES ÊTRES

PREMIÈRE LEÇON

La physiologie comprend : 1° l'étude des fonctions; 2° l'étude des êtres. — L'étude des fonctions est la *biologie*, l'étude des êtres est l'*ontologie*. — L'ontologie comprend : 1° la *néontologie;* 2° la *paléontologie.* — Les espèces se perdent; la quantité de vie reste la même.

La physiologie est la science de la vie.

Ce merveilleux phénomène de la vie peut être considéré sous deux grands aspects.

On peut considérer la vie en elle-même, c'est-à-dire dans ses *forces* et dans ses *fonctions.* C'est la *physiologie proprement dite.*

Les fonctions se divisent en trois ordres : les fonctions de *relation*, qui mettent l'individu en

1

rapport avec le monde extérieur ; les fonctions de *conservation*, qui maintiennent la vie de l'individu ; et les fonctions de *reproduction,* qui perpétuent la vie de l'espèce.

Les *fonctions* sont les actes, les phénomènes de la vie.

Les *forces* sont les causes des phénomènes.

A côté de l'étude propre de la vie, il y a l'étude des êtres vivants.

Ce second aspect de la physiologie a été souvent indiqué dans mes cours précédents. J'ai parlé de l'espèce, de la formation des races, de celle des êtres, de la succession des êtres sur le globe ; mais je ne l'ai guère fait que par occasion. Aujourd'hui je traiterai de ces matières méthodiquement.

La physiologie proprement dite est une étude analytique et expérimentale. Que faisons-nous quand nous étudions la vie, prise en elle-même ? Nous cherchons toutes les propriétés qui se jouent dans l'organisation animale : nous divisons, nous séparons, nous localisons les forces et les fonctions. Tout, dans notre travail, tend à cette localisation, à cette analyse.

L'étude des *êtres* nous donne une autre science. Nous ne décomposerons plus les êtres :

nous les étudierons en eux-mêmes, chacun ayant son individualité, son unité propre.

Je divise donc la physiologie en deux branches : la physiologie des fonctions, et la physiologie des êtres.

Ce cours aura pour objet la physiologie des êtres. J'y étudierai successivement ces quatre questions :

1º La spécification des êtres;

2º La formation des êtres;

3º La répartition des êtres dans l'espace, ou sur la surface du globe;

4º La répartition des êtres dans le temps, ou dans les différents âges du globe.

Ce mot *être*, dans le sens où je m'en sers ici, est un mot nouveau. On le trouve cependant un peu employé déjà par Bonnet, qui écrivait dans la seconde moitié du dernier siècle; et, chaque jour, il l'est davantage.

J'appelle *être de la nature* tout corps qui a une constitution, des qualités, des lois propres. Tout corps, ainsi individualisé, est un être de la nature : un minéral, un animal, une plante, le globe que nous habitons, les corps qui roulent dans l'espace, sont des êtres de la nature.

La grandeur ou la petitesse n'y fait rien : ce

ne sont là que des attributs relatifs. On ne connaît ni la grandeur ni la petitesse absolue. La pensée ne peut donner une limite à l'espace, pas plus que fixer un terme aux divisions de la matière. L'homme est placé entre deux infinis.

Au point de vue qui m'occupe ici, celui de l'étude de la nature, on peut diviser la science humaine, le savoir humain, en deux grands domaines : celui de la physique et celui de la physiologie.

Toutes les autres sciences ne sont que des subdivisions de ces deux-là. La géologie, la minéralogie, la chimie, etc., ne sont que des subdivisions de la physique; l'anatomie, la zoologie et toutes ses branches, la botanique et toutes ses branches, ne sont que des subdivisions de la physiologie.

Je viens de dire que la physiologie peut être étudiée sous deux aspects. Quels noms donner à ces deux ordres d'études?

J'appelle l'étude propre de la vie *biologie,* et l'étude des êtres vivants *ontologie.*

L'ontologie, pour la scolastique, était la science de l'être en soi, de l'être des êtres; c'était la *prima philosophia*. Après avoir fait, on peut le dire, de belles et très-belles choses, la scolastique tomba dans des excès, dans des abus. Elle imagina les formes substantielles, elle prodigua les forces plastiques, etc.

Aujourd'hui, on n'emploie guère le mot *onto-logie* que dans un sens ironique. Broussais, particulièrement, a crié contre l'ontologie pendant une moitié de sa vie, et il a passé l'autre moitié à en faire. La phrénologie, qui l'a tant occupé sur la fin de ses jours, était-ce autre chose que de l'ontologie, et au plus mauvais sens du mot?

Pour moi, l'*ontologie* est la *science des êtres naturels*.

Et de même que j'ai divisé la physiologie en *biologie* et en *ontologie,* je divise l'ontologie :

1° En *néontologie,* ou étude des êtres actuels ;

Et 2° En *paléontologie,* ou étude des êtres anciens, des êtres perdus, des êtres fossiles.

Tous les êtres créés ne se sont pas conservés. Il y a beaucoup plus d'espèces perdues que d'espèces vivantes. Parmi les éléphants, plusieurs espèces ont disparu. Nous n'avons plus qu'une espèce d'hippopotame : on en connaît sept ou huit fossiles. Dans les seules carrières de Montmartre, Cuvier a trouvé plus de quarante espèces de pachydermes qui n'existent plus aujourd'hui. On compte par milliers les reptiles et les poissons qui ont cessé de vivre; on compte près de quarante mille espèces de coquillages perdus.

Faut-il que la physiologie reste éternellement étrangère à ce grand ensemble d'études nouvelles que notre siècle a vues naître? Se bornera-t-elle toujours à étudier les organes et les fonctions, sans s'occuper jamais des êtres?

J'ose dire que ces espèces perdues manquaient à la physiologie. En comblant les lacunes, elles nous ont permis d'embrasser l'unité du règne animal. Une des meilleures vues de M. de Blainville a été de faire entrer les fossiles dans l'échelle des êtres [1], pour la première fois bien comprise. Cuvier niait l'échelle des êtres, et M. de Blainville la complétait précisément avec les découvertes de Cuvier.

On dira : mais si tant d'espèces se perdent, la vie finira donc par disparaître du globe?

---

1. Voyez mon Éloge de M. de Blainville, dans le premier volume de mes *Eloges historiques*. Paris, 1856.

Je prouverai deux choses :

La première, que le nombre des espèces va toujours en diminuant ;

La seconde, que la quantité de vie, sur le globe, se maintient toujours la même.

Des espèces se sont perdues, même depuis les temps historiques : par exemple, le dronte[1]. On a détruit le loup en Angleterre. Le bœuf, proprement dit, n'existe plus en Europe. La souche du chien, celle du cheval ont disparu.

Ainsi des espèces se perdent, ce qui prouve que cet axiome, tant répété, n'est point vrai : La nature dédaigne les individus, mais a grand soin des espèces.

La nature a un égal dédain des espèces et des individus. La *nature* n'est qu'un vain mot.

Mais en même temps que certaines espèces disparaissent, le nombre des individus augmente dans d'autres espèces. La compensation s'établit.

Voyons, par exemple, ce qui s'est passé à Pa-

1. Les Portugais l'avaient trouvé dans les îles de France et de Bourbon. Il n'était bon à rien. Ils détruisirent toute l'espèce. Il ne reste plus aujourd'hui du dronte qu'une tête osseuse, qui est au Musée d'Oxford, et qu'un pied, qui est au Musée britannique.

ris : nous y trouvons les restes d'une foule d'êtres fossiles. J'ai parlé des découvertes de Cuvier dans les carrières de Montmartre : il y a trouvé en quantité des *palæotheriums*, des *anoplotheriums*, des *lophiodons*, etc. ; il y a trouvé jusqu'à des restes *fossiles* d'un *animal à bourse*. Voilà bien de la vie perdue.

Mais supputons combien d'individus de l'espèce humaine ont foulé le sol de Paris, depuis le peu de temps que Paris est Paris. Quelle production de vie, pour me servir d'un terme des économistes! Une seule espèce a produit à elle seule plus de vie que toutes les espèces détruites semblent n'en avoir laissé se perdre avec elles. Ajoutons à cela les espèces domestiques que l'homme a multipliées pour ses besoins. On ne trouve plus le chien primitif; mais aussi, que de chiens domestiques !

Ce n'est pas tout. L'homme fait des êtres nouveaux. Que de *races* d'animaux n'auraient jamais vu le jour sans l'industrie de l'homme !

Et, au fond, quelles sont les espèces dont l'homme a purgé le globe? Les espèces malfaisantes. Quelles sont celles qu'il a multipliées? Les espèces supérieures, les espèces utiles ; en sorte que la prédominance va toujours re-

montant des espèces infimes aux espèces supérieures, et que la supériorité restera, en définitive, à l'espèce humaine[1].

1. Voyez, sur ce grand objet, mon livre intitulé : *De la longévité humaine et de la quantité de vie sur le globe.*

DEUXIÈME LEÇON

Spécification des êtres. — De l'espèce. — L'*espèce* se caractérise par la fécondité *continue;* le genre, par la fécondité *bornée.*

J'ai exposé l'objet et le plan de ce cours. L'objet, c'est *l'ontologie naturelle;* le plan, c'est l'étude de ces quatre grandes questions : 1° la spécification des êtres; 2° la formation des êtres; 3° la répartition des êtres dans l'espace ; 4° leur répartition dans le temps.

J'aborde la première question : *La spécification des êtres.*

J'ai dit qu'on pouvait, à la rigueur, appeler *être de la nature* tout corps ayant une constitution propre : ainsi, un minéral, un animal, un arbre, le globe que nous habitons.

Je ne m'en tiendrai pas à cette définition. Je resserre mon sujet, mais je ne le resserre que pour l'approfondir. Quelle est, sur les êtres vivants, les êtres animés (seul objet de ce cours), la vue savante, la vue précise?

Écoutons un grand penseur, Buffon. Pour lui, les êtres de la nature, ce ne sont pas les individus. Les individus ne sont que les formes fugitives de quelque chose de permanent. Buffon dit : « *Les espèces sont les seuls êtres de la nature,* » et il ajoute : « Êtres perpétuels, aussi anciens, aussi permanents qu'elle, que, pour mieux juger, nous ne considérons plus comme une collection ou une suite d'individus semblables, mais comme un tout indépendant du nombre, indépendant du temps; un tout toujours vivant, toujours le même; un tout qui a été compté pour un dans les ouvrages de la création, et qui, par conséquent, ne fait qu'une unité dans la nature[1]. »

Dans toute science, le premier pas vraiment scientifique, le pas philosophique set une abstraction, une conception générale, où je néglige les conditions purement individuelles pour m'éle-

---

1. *OEuvres complètes de Buffon*, t. III, p. 414. J'avertis, une fois pour toutes, que c'est toujours l'édition annotée, que j'ai donnée des *OEuvres de Buffon,* que je cite ici.

ver à une condition commune. Ainsi, l'espèce
est une abstraction.

Mais cette idée abstraite est fondamentale. La
classification tout entière (embranchements,
classes, ordres, genres,) n'a été imaginée que
pour arriver à l'espèce, qu'en vue de l'espèce.

« L'espèce, dit Buffon, est une succession
« constante d'individus semblables et qui se re-
« produisent [1]. »

Cuvier a adopté la définition de Buffon, à de
très-légères différences près dans les termes.
Pour lui, « l'espèce est la réunion des individus
« descendus l'un de l'autre ou de parents com-
« muns, et de ceux qui leur ressemblent autant
« qu'ils se ressemblent entre eux [2]. »

Il y a vingt ans, je m'occupai du caractère de
l'espèce [3]. Les idées étaient alors dans un grand
désordre sur ce point. Une philosophie nouvelle
donnait cours à l'opinion que les espèces sont
variables.

J'étais confusément dans l'opinion contraire.
J'avais senti, de bonne heure, qu'il devait y avoir

1. *OEuvres complètes de Buffon*, t. II, p. 416.
2. *Le Règne animal*, t. I, p. 16 (seconde édition).
3. Voyez mon livre intitulé : *Histoire des travaux de
Cuvier.*

quelque chose de fixe dans la caractéristique des êtres qui peuplent cet univers. Mon esprit ne s'accommode point des choses qui n'ont rien de stable.

J'étudiai cette question ayant sous les yeux Buffon et Cuvier, et je vis que ces deux hommes supérieurs avaient réuni dans leurs définitions deux idées fort distinctes : l'idée de ressemblance, et l'idée de reproduction.

L'idée de ressemblance n'est qu'une idée accessoire; l'idée de reproduction est seule une idée fondamentale.

Prenons pour exemple l'âne et le cheval : ils se ressemblent singulièrement, surtout pour les traits profonds. La taille n'est pas la même, il est vrai; mais la taille ne peut servir de caractère spécifique. Il est vrai encore que, dans l'animal vivant, il y a des caractères superficiels différents : dans l'âne, les oreilles sont plus longues, la queue est plus courte. Si l'on passe même à des organes plus intérieurs, la voix diffère : l'âne brait, le cheval hennit. Mais dès que nous arrivons au squelette, plus de différence appréciable, sensible. Cuvier n'a jamais pu trouver un caractère ostéologique qui distinguât l'âne du cheval.

Pourtant, l'âne et le cheval sont deux espèces distinctes. L'idée de ressemblance n'est donc qu'une idée accessoire.

Il n'en est pas de même de l'idée de reproduction. Si l'on unit ensemble l'âne et le cheval, on obtient bien un produit, un métis, mais non une suite de métis. Il est très-rare de voir des mulets qui se reproduisent.

L'idée de reproduction est donc l'idée fondamentale. Elle marque une distinction où la conformation extérieure n'en marquait pas.

Prenons un exemple contraire : on sait combien les races de chiens varient : le barbet, le lévrier, le mâtin, le dogue, etc., etc. Malgré les différences qui les distinguent, le barbet, le lévrier, le dogue, etc., sont de la même espèce. Il y a entre eux production continue.

La fécondité continue est le caractère de l'espèce.

Avant moi, Buffon et Cuvier avaient défini l'*espèce* : seulement, j'ai dégagé, dans leur définition, l'élément essentiel de l'élément accessoire. Mais, avant moi, personne n'avait songé à chercher le caractère du *genre*. J'ai trouvé ce caractère dans la fécondité bornée.

La fécondité continue donne l'espèce: la fécondité bornée donne le genre.

Il y a un certain nombre d'animaux qui peuvent produire ensemble, mais avec une fécondité bornée : l'âne et le cheval, le chien et le loup, etc., etc. Ils sont donc d'espèce différente.

Buffon a fait, sur la reproduction du chien et du loup, une série d'expériences. Il n'a jamais pu passer la troisième génération. Frédéric Cuvier, qui a été pendant trente ans le directeur de la Ménagerie du Jardin des Plantes, n'a pu aller plus loin que Buffon. Moi-même, je n'ai pu obtenir davantage.

Dans mes expériences sur le chacal et le chien, j'ai pu aller jusqu'à la quatrième génération; mais je n'ai pu la dépasser.

Il faut remarquer qu'entre le chien et le chacal la ressemblance est bien plus grande encore qu'entre le chien et le loup. Ces deux-ci diffèrent par l'instinct : le chien est sociable; le loup est solitaire, il ne fait pas compagnie, même avec ses petits.

Au contraire, le chacal est sociable comme le chien. Tous les deux ont aussi l'instinct de se creuser des terriers; je parle du chien à l'état sauvage.

Ainsi donc un caractère certain pour la distinction de l'espèce, c'est la fécondité *continue :*

Et un caractère certain pour la distinction du *genre*, c'est la fécondité *bornée*.

Le genre est la limite de la parenté.

J'exclus de la nomenclature zoologique le mot de *famille*[1]. Il fait naître dans l'esprit l'idée d'une fausse analogie.

Par famille, on entend, dans le sens ordinaire et vulgaire du mot, une parenté de sang.

En histoire naturelle, ou, plus exactement, en ontologie positive, la véritable famille c'est l'espèce, parce que tous les individus, toutes les races d'une espèce donnée viennent du même sang.

Après avoir dégagé l'idée de *reproduction* de celle de *ressemblance*, dégageons, à son tour, l'idée de *collection* de l'idée de *suite*.

L'idée de *suite* se rapporte essentiellement à l'espèce. Tous les animaux de la même espèce sont des descendances, des suites les uns des autres. A peine est-elle applicable au genre, puisque, dans le genre, la fécondité est bornée; et, passé le genre, elle n'est plus applicable du tout.

---

1. Dans le langage des Jussieu, le mot *famille* répond au mot *ordre*. Le célèbre livre des *familles naturelles* a pour titre : *Genera plantarum secundum* ORDINES *naturales disposita.*

Tout le reste n'est que *collection*.

L'idée de *collection* se rapporte à l'embranchement, à la classe, à l'ordre. Ainsi l'embranchement des vertébrés, la *classe* des oiseaux, l'*ordre* des rongeurs, etc., sont des collections.

Les *collections* sont, en grande partie, le fruit de notre esprit. Il ne forme des *collections* que par la comparaison et l'appréciation des *similitudes*.

L'*ordre*, la *classe*, l'*embranchement* sont des *similitudes* de divers degrés.

Notre esprit n'est pour rien dans la constitution de l'*espèce*, ni dans celle du *genre*.

Ce qui donne l'*espèce*, c'est un fait : la *fécondité continue*; et ce qui donne le *genre*, c'est un autre fait : la *fécondité bornée*.

TROISIÈME LEÇON

L'espèce est permanente. — Elle est fixe. — Question de
fixité ou de mutabilité de l'espèce : historique. — Maillet.
— Robinet. — Lamarck. — Théorie des arrêts de développement. — La fixité de l'espèce prouvée par les faits.

Nous l'avons vu dans ma dernière leçon : la
fécondité continue donne le caractère de l'espèce ;
la *fécondité bornée* donne le caractère du genre.

Lorsque, dans la classification, on s'arrête aux
caractères de similitude, on reste dans le vague,
dans l'arbitraire. Il faut un caractère certain :
ce caractère certain, nous le trouvons dans la
fécondité continue pour l'*espèce,* et dans la fécondité bornée pour le *genre.*

Passé ces deux groupes (espèce et genre), toute

parenté finit. Il n'y a plus *consanguinité* [1].

Tous les autres groupes ne sont plus, comme je l'ai dit, que de simples collections.

Venons au second caractère de l'*espèce* : le premier est la *fécondité continue*, le second est la *fixité*.

Nulle espèce ne finit d'elle-même.

Depuis la première apparition de la vie sur le globe, ce globe a été soumis à un grand nombre de révolutions. Ce qu'il a péri d'animaux, à chaque révolution, est innombrable.

Mais ces espèces ont disparu par suite d'une violence extérieure. Sans cela, elles se seraient perpétuées.

Il est vrai encore que les types primitifs de beaucoup d'animaux, du chien, du bœuf, etc., ont disparu. Mais cette disparition est due à l'influence de l'homme.

L'espèce est *de soi* impérissable, éternelle.

Et puisqu'elle est éternelle, elle est *fixe*. Buffon l'a dit en termes magnifiques: « L'empreinte de

---

1. Dans l'*espèce*, il y a *consanguinité* au sens absolu : tous les individus sont de même *sang*, ils sont tous venus, ou ont pu venir les uns des autres. Dans le *genre*, il n'y a que *consanguinité* relative : les individus ne sont plus du même *sang*, mais ils sont d'un *sang* qui peut se mêler. Ils peuvent produire ensemble.

« chaque être est un type dont les principaux
« traits sont gravés en caractères ineffaçables et
« permanents à jamais [1]. »

Oui, l'espèce est fixe. Comment pourrions-
nous trouver le caractère certain d'une chose
qui changerait ?

La question de la fixité ou de la mutabilité
des espèces a été le grand champ de bataille
des naturalistes philosophes.

Les partisans de la mutabilité ont précédé les
partisans de la fixité, et il en est toujours ainsi
dans les sujets très-compliqués : les idées saines,
les idées justes, les idées démêlées n'arrivent
que les dernières.

A considérer la chose superficiellement, nous
serions portés à croire que les espèces peuvent
changer. Prenons le cheval : il n'y en a pas deux
d'absolument semblables, pas plus qu'il n'y a,
sur un arbre, deux feuilles qui se ressemblent
parfaitement. Parmi les hommes, de même.
Voyez deux frères : il y a bien un fonds de ressemblance, mais aussi que de différences : dans
la taille, dans la physionomie, dans la coloration
des cheveux, etc. Et si nous venons à comparer

1. *De la nature.* — *Seconde vue,* t. III, p. 418.

les différentes races entre elles, combien les différences seront-elles plus sensibles encore!

Toutefois, lorsqu'on examine les choses de près, on voit que l'empreinte fondamentale, le type ne change pas.

Dans l'historique des idées que l'on s'est faites sur la *mutabilité des êtres*, je ne remonterai pas plus haut que le milieu du xviiie siècle.

Je commence par les idées de Maillet.

Maillet était consul de France en Égypte. Sa position lui donnait du loisir : il l'employa à observer, à penser. C'était d'ailleurs un homme d'esprit et capable.

Il tira de ses observations cette conclusion, que la terre, à une certaine époque, avait dû être couverte d'eau sur toute sa surface. En cela il avait raison. Donc, disait-il, tous les animaux ont dû commencer par être des animaux aquatiques, par être des poissons.

Les eaux se retirant, ils ont éprouvé des métamorphoses. Les poissons qui rampaient au fond de la mer sont devenus des reptiles. Les poissons qui s'élevaient au-dessus des eaux, les *poissons volants,* sont devenus des oiseaux : leurs nageoires se sont changées en ailes, leurs écailles en plumes, etc., etc. Maillet va jusqu'à dire que les mammifères et l'homme lui - même ont commencé par être poissons.

Ces idées de Maillet sont exposées dans un livre publié en 1748, après sa mort, et intitulé : *Telliamed,* mot qui est l'anagramme de son nom (De Maillet) [1].

Voltaire s'est beaucoup moqué de l'*homme-poisson.* Il n'en est pas moins vrai que Maillet a eu le mérite, par ses bizarreries mêmes, d'éveiller l'attention sur un sujet, au fond si sérieux.

Robinet vint ensuite. Son livre, publié en 1768, est intitulé : *Essais de la nature qui apprend à faire l'homme.*

Robinet, à l'exemple de toute une classe de naturalistes et de philosophes, de Buffon, entre autres, *personnifie* la Nature.

Suivant lui, la Nature a commencé par créer des vers, puis des insectes, des scarabées. Plus tard, elle a osé davantage et a fait le crustacé. Puis, elle a placé en dedans les plaques exté-

---

1. Maillet faisait, au reste, bon marché de ses rêveries et en riait le premier. Il dédie son livre à Cyrano de Bergerac (l'auteur du *Voyage dans la Lune* et de l'*Histoire comique des États et Empires du Soleil*) ou plutôt à son ombre (cet autre fou était mort en 1655). « C'est à vous, illustre Cyrano, « que j'adresse mon ouvrage, dit Maillet. Puis-je choisir un « plus digne protecteur de toutes les folies qu'il renferme ? »

rieures du crustacé et en a fait des vertèbres :
de là le serpent. Après le serpent, est venu le
lézard. Les pattes de devant du lézard se sont
transformées en ailes, et de là l'oiseau. De progrès en progrès, la Nature a formé les quadrupèdes, les quadrumanes et enfin l'homme.

Il serait puéril de s'arrêter à faire sentir le ridicule de ces idées. Mais on est confondu quand
on voit, dans notre siècle, des hommes de
génie se laisser aller à des idées tout aussi ab-
surdes.

M. de Lamarck, par exemple, tire tous les
animaux de la monade. De la monade, il passe
au polype. Au moyen des efforts qu'il s'impose
et des habitudes qu'il prend, le polype se donne
successivement toutes les formes jusqu'aux plus
élevées.

L'habitude joue un rôle incroyable dans les
rêveries de Lamarck.

Il y a des oiseaux à jambes courtes et des oiseaux à jambes longues. Le martinet les a très-
courtes, c'est parce qu'il s'est plus appliqué à
voler qu'à marcher. Au contraire, les oiseaux de
rivage, les échassiers, les ont très-longues parce
qu'ils ont plus marché que volé.

La girafe n'ayant pas voulu paître à terre, mais

se nourrir des feuilles des arbres, son cou s'est démesurément allongé.

C'est parce que la taupe a préféré vivre sous terre qu'elle a perdu les yeux.

Enfin, des auteurs plus récents ont prétendu que les différentes espèces ne sont que les différents âges d'un même animal, d'un animal supérieur, de l'homme. Vous reconnaissez ici la théorie *des arrêts de développement* [1].

Cette théorie veut qu'un animal supérieur passe par tous les degrés inférieurs. L'homme est d'abord un ver, puis un poisson; il ne devient animal supérieur, animal de son rang, qu'après une série de mutations et d'évolutions.

Les auteurs de cette théorie ne nous disent pas cela tout crûment, comme Robinet ou Lamarck; ils se servent de termes abstraits, mais pour qui va plus loin que les mots, l'absurdité est la même.

[1]. La théorie des *arrêts de développement* est vraie quand il s'agit des parties d'un même animal, d'un même être, parce que toutes ces parties ont entre elles une dépendance nécessaire, *physiologique*, mais quelle dépendance, autre qu'*imaginaire*, entre les individus de différentes espèces, de différents genres, de différents ordres?

Je viens d'exposer le côté ridicule de la question. Voyons-en le côté sérieux.

Les partisans de la mutabilité des espèces n'ont pour eux aucun fait. S'ils en avaient jamais eu un seul, ils n'auraient pas manqué de le produire, de le proclamer, de le crier sur les toits.

La vérité est qu'aucune espèce n'a jamais changé.

Pour la fixité des espèces, au contraire, les faits surabondent. On a rapporté d'Égypte beaucoup de momies d'hommes, d'ibis, etc. L'ibis du temps des Pharaons est exactement le même que celui de nos jours. L'espèce humaine d'il y a trois mille ans est absolument la même que celle d'aujourd'hui. On a des momies de crocodiles, de chiens, de bœufs. Nulle différence entre ces momies et les crocodiles, les chiens, les bœufs actuels.

On me dira peut-être que je ne cite là que quelques exemples particuliers. Je réponds que la stabilité a été la même pour le règne animal entier.

Aristote écrivait il y a deux mille ans. Il a connu le règne animal dans toutes ses classes; et les espèces qu'il a décrites sont si bien restées les mêmes, que Cuvier a pu dire que l'histoire de l'éléphant est plus exacte dans Aristote que dans Buffon.

Aristote distribue le règne animal en neuf classes générales ou principales : les quadrupèdes vivipares et ovipares (ou les mammifères et les reptiles), les cétacés ou mammifères marins, les oiseaux, les poissons, les mollusques (ce mot est de lui), les testacés, les crustacés et les insectes.

Eh bien! de ces classes anciennes, le règne animal n'en a perdu aucune, et il n'a acquis aucune classe nouvelle. Depuis Aristote, le règne animal est resté le même.

La fixité de l'espèce est, de toute l'histoire naturelle, le fait le plus important et le plus complétement démontré.

QUATRIÈME LEÇON

Causes qui pourraient amener la mutabilité de l'espèce :
1° développement insensible des êtres organisés; 2° révolutions du globe; 3° croisement des espèces. — L'espèce
reste fixe.

Je crois avoir prouvé la fixité de l'espèce. Je
reviens sur cette question : elle est trop importante, trop fondamentale (l'*espèce* est le fondement de tout en histoire naturelle), pour n'être
pas reprise une fois encore, et approfondie autant
que possible.

Les causes qui pourraient faire changer les
espèces sont de deux sortes : *extrinsèques* ou
intrinsèques.

Les causes extrinsèques peuvent elles-mêmes
se diviser en causes *lentes* et en causes *violentes*.

Voyons les causes *lentes* : j'appelle ainsi toutes celles qui, agissant d'une manière insensible et continue, finissent par amener un changement notable au bout d'un certain temps. Nous ne pouvons saisir l'accroissement d'une plante, d'un animal, et cependant il se fait. La fleur, qui d'abord était fermée, s'est ouverte; l'animal s'est développé. Et, en cela, les choses vont quelquefois si loin que l'on a peine à reconnaître le petit dans l'adulte. Il a fallu toute la sagacité de Cuvier pour découvrir que le pongo est le même animal que l'orang-outang, que c'est l'orang-outang adulte. On peut citer encore, et surtout, les métamorphoses des insectes : je défierais qui que ce fût, s'il ne le savait d'ailleurs, de reconnaître dans la mouche le ver de la viande.

Telles sont les causes *lentes*. Elles ne font pas varier l'espèce; et pourtant quelle puissance de *variation* que celle qui change un *ver* en *mouche,* une *chenille* en *papillon !*

Passons aux causes *violentes,* c'est-à-dire aux révolutions du globe.

Ces révolutions n'ont point influé sur la fixité de l'espèce.

On faisait à Cuvier cette objection : Qui vous dit que nos espèces actuelles ne sont pas une

modification, une dégénération des espèces fossiles?

Mais, s'il en eût été ainsi, répondait Cuvier, les
modifications auraient été graduées; il y aurait
eu une série de nuances entre les animaux fossiles et nos animaux actuels, et nous trouverions
les traces de ces modifications graduées dans les
entrailles de la terre. Cependant on ne les y
trouve pas.

Je vais plus loin et je dis : Ou les espèces vivantes sont visiblement distinctes des espèces
fossiles, et dans ce cas les espèces vivantes seront
nouvelles; ou bien les caractères sont les mêmes
dans les animaux fossiles et les animaux actuels,
et alors comment les distinguer? Le mammouth
est-il d'une espèce différente de l'éléphant des
Indes? M. Cuvier dit oui, et M. de Blainville
dit non.

Admettons que ce soit M. Cuvier qui ait raison :
le mammouth et l'éléphant seront deux espèces
distinctes. L'une ne se sera donc pas transformée
en l'autre. Admettons, au contraire, que la raison
soit du côté de M. de Blainville : le mammouth
et l'éléphant seront de la même espèce, et l'ar-
gument sera encore plus fort : les révolutions du
globe n'auront amené aucun changement dans

l'espèce. Encore une fois, l'espèce est donc fixe.

Ainsi nous voyons que les causes *extrinsèques*, qu'elles soient lentes ou violentes, ne peuvent amener la transformation de l'espèce, puisqu'elles ne l'ont pas amenée. C'est le fait qui parle.

Examinons maintenant les causes *intrinsèques*. La principale de ces causes est dans le croisement des espèces.

Or, jamais le croisement des espèces n'a donné d'*espèce intermédiaire*.

Nous savons déjà qu'il n'y a qu'un petit nombre d'espèces qui puissent se mêler et produire; et encore, pour ce petit nombre, la fécondité est-elle bornée.

Il y a des espèces, très-voisines, qui n'ont même pas cette fécondité bornée. Je cite pour exemple le chien et le renard.

Dans le squelette de ces deux animaux, il n'y a aucune différence : le crâne et particulièrement les dents sont les mêmes. Quel est donc le caractère qui les distingue et les sépare, non pas seulement *spécifiquement*, mais *génériquement*, et même plus profondément encore, puisqu'il les empêche de produire ensemble? Ce caractère se trouve dans la forme de la pupille : le chien a une pupille circulaire, tandis que dans le renard la pupille est en fente verticale; et ce caractère, tout léger qu'il paraît, est très-important, car il touche à l'instinct. Le renard est un animal nocturne et le chien un animal diurne.

Puisque des espèces, même très-voisines, aussi voisines que celles du chien et du renard, ne peuvent produire ensemble, à plus forte raison les espèces éloignées ne le pourraient-elles pas.

On a prétendu que le taureau produit avec la jument; on donnait à ce produit fabuleux le nom de *jumart. A priori,* le fait peut être dit impossible : le cheval est un animal à estomac simple, et le taureau un animal ruminant, un animal à estomac multiple, le taureau est un animal bisulque et le cheval un animal solipède, etc., etc.

La vérité est qu'il n'y a jamais eu de *jumart.* Bourgelat, le célèbre et respectable fondateur de la science vétérinaire en France, s'est trompé sur ce point. Il a décrit le jumart, ou plutôt, et à parler plus exactement, un animal qu'on lui avait donné pour jumart. Un de mes auditeurs, agronome distingué, a tenté bien des fois l'expérience : il a pu obtenir, soit entre le taureau et la jument, soit entre le cheval et la vache, soit entre le taureau et l'ânesse ou l'âne et la vache, une union physique, mais jamais un produit.

Je passe aux espèces peu nombreuses qui peuvent produire ensemble. J'ai déjà parlé de ces espèces quand il s'est agi de déterminer le genre.

Les espèces du chien et du loup sont fécondes entre elles. Buffon a fait, sur les limites de cette fécondité, des expériences tout à fait méthodiques. Il n'a jamais pu dépasser la troisième génération. Je l'ai déjà dit, et j'ai parlé également des expériences concordantes répétées par Frédéric Cuvier et par moi.

Ce qu'il faut bien entendre ici, c'est ce que j'appelle *fécondité continue*. Pour juger de la *fécondité continue* des métis, la génération doit rester toujours circonscrite entre ces métis eux-mêmes, sans que jamais un animal de l'une ou de l'autre des deux espèces primitives, un chien ou un loup, y intervienne.

Nous avons vu, en effet, que la stérilité du métis n'est pas absolue. La mule ne reproduit pas avec le mulet : si elle reproduisait avec le mulet, et si le fait se répétait durant plusieurs générations successives, il y aurait là fécondité continue. Mais l'expérience de chaque jour nous prouve qu'il n'en est point ainsi. Il n'existe peut-être pas

un seul fait, bien constaté, de la reproduction
de la mule avec le mulet.

Cependant, la mule, stérile avec le mulet, peut
devenir féconde, soit avec l'âne, soit avec le
cheval. Mais alors la chaîne est rompue, et
l'espèce primitive, le type, va reparaître; il
reparaît après quatre générations[1]. Nous ren-
trons dans la fécondité continue entre animaux
de la même espèce.

Les espèces du chien et du chacal sont fécondes
entre elles. On peut même se demander quel est
le caractère qui fait *différence*, qui rompt l'*unité*,
l'*identité*, entre ces deux espèces et les empêche
d'avoir la fécondité continue. Entre le chacal
et le chien, je ne vois aucune différence essentielle ni à l'extérieur, ni dans le squelette. La
forme de la pupille est la même, l'instinct est
le même; tous les deux se creusent des terriers (j'entends toujours le chien à l'état de
nature). Il faut chercher plus profondément la
différence qui sépare ces deux animaux; elle
est, si je puis ainsi dire, et comment dirais-je
autrement? elle est psychique : c'est que le
chien est éminemment perfectible, c'est qu'il

1. Comme je l'expliquerai plus loin.

a une intelligence qui se modèle, qui se gradue sur celle de son maître. Le chacal ne nous offre rien de semblable.

Quels sont encore les animaux qui peuvent produire entre eux des métis[1]?

On n'a pas fait, sur ce sujet, assez d'expériences. Nous savons que le zèbre peut produire avec le cheval et l'âne; l'âne avec l'hémione. Je suis convaincu que tous les solipèdes pourraient produire ensemble. Nous savons qu'il peut naître un métis de l'union de la brebis et du bouc, ou de l'union du bélier et de la chèvre. Parmi les oiseaux, le serin peut produire avec le chardonneret, le faisan avec la poule; on a obtenu récemment un produit de l'union du coq avec la pintade.

Je reviens aux produits de l'espèce de l'âne unie à celle du cheval, ou de l'espèce du bouc unie à celle du bélier. Assurément, si la fécondité continue appartenait à ces produits, les preuves en seraient partout. Depuis des siècles, on obtient le métis du cheval et de l'âne; mais,

---

1. Je préfère le mot *métis* au mot *mulet*. Je prouverai, par la suite, que le métis est composé moitié d'une espèce et moitié d'une autre; c'est un animal, pour ainsi dire, mi-parti. Le mot *métis* a donc un sens physiologique.

pour avoir le mulet, il faut toujours en revenir à accoupler le cheval avec l'ânesse, ou l'âne avec la jument. Jamais on n'a pu obtenir une série directe de mules et de mulets.

J'en dis autant des métis du bouc avec la brebis ou du bélier avec la chèvre.

Je le répète : *Jamais le croisement des espèces n'a donné d'espèce intermédiaire.*

Il en aurait donné si les métis pouvaient produire ensemble autre chose qu'un petit nombre de générations. Enfin, et comme je l'ai déjà annoncé, si l'on unit les métis avec l'une ou l'autre des deux espèces dont ils proviennent, au bout de quelques générations le type primitif reparaît. Peut-on arriver par plus de chemins divers à la même conclusion : la fixité de l'espèce?

CINQUIÈME LEÇON

De la race. — Il y a deux tendances dans l'organisation :
1º tendance à varier ; 2º tendance à transmettre les variations. — La variation est totale ou partielle. — Causes
extérieures du développement des variations : 1º le climat ;
2º la nourriture ; 3º la domesticité.

J'ai traité de l'espèce : l'espèce est la famille.
Nous concevons maintenant le sens, et, j'ose le
dire, le sens profond de ces mots : *parenté, consanguinité*. Nous savons que l'espèce est invariable, éternelle. Elle est toujours jeune. Ces
deux idées corrélatives : *jeunesse, vieillesse*, ne
sont applicables qu'aux individus. Par rapport
aux espèces, il n'y a pas de temps. Le cheval
d'aujourd'hui est aussi jeune que le premier
cheval qui ait paru sur le globe.

Les *espèces* étant d'institution primitive,

l'homme ne peut rien quant à leur production.
Il peut tout, au contraire, quant à la production des *races*. Sa puissance, à cet égard, tient du prodige.

Nous allons encore demander à Buffon une bonne définition de la race. « L'empreinte de chaque espèce, dit-il, est un type dont les principaux traits sont gravés en caractères ineffaçables et permanents à jamais [1]. » Voilà pour l'*espèce*. Voici pour la *race* : « mais toutes les touches accessoires varient; aucun individu ne ressemble parfaitement à un autre, aucune espèce n'existe sans un grand nombre de variétés [2]. »

Je trouve, dans l'organisation, deux tendances très-manifestes : 1° une tendance à varier dans de certaines limites; 2° une tendance à la transmissibilité, à l'hérédité de ces variations.

La tendance à varier est incontestable : nous voyons deux frères différer par la taille, par la coloration des cheveux, etc. Ce sont là des *touches accessoires,* comme dit Buffon.

Ces variations, qui surviennent et, si je puis ainsi dire, se *génèrent* spontanément, ne périssent pas avec l'individu. Elles se transmettent de

1. *De la nature. Seconde vue,* t. VII, p. 418.
2. *Ibid.,* p. 418.

génération en génération : d'individuelles, elles deviennent héréditaires; et voilà la *race* formée.

L'homme s'est emparé de cette tendance à l'hérédité pour créer les races d'animaux domestiques. Un exemple va nous initier au procédé qu'il emploie.

Veut-il avoir une race de chiens de grande taille; il prend, dans une portée, les deux chiens les plus grands, un mâle et une femelle. Puis il les accouple : les petits, nés de cet accouplement, seront plus grands que leurs parents; cette progression est un fait prouvé, constant. Dans la nouvelle portée, l'homme choisit de nouveau, pour les accoupler, les deux individus les plus grands. Ils produisent, à leur tour, des individus plus grands qu'eux. Dans cette troisième portée sont encore choisis, pour la reproduction, les deux chiens les plus grands; et c'est ainsi que, successivement, progressivement, l'homme arrive à créer des races de chiens énormes, les dogues, les mâtins.

A côté de ces mâtins, de ces dogues, plaçons les petits chiens d'appartement, les épagneuls, les carlins : quelle différence de taille! Pour avoir ces petites races, l'homme a employé le même procédé qui lui a donné le mâtin, le dogue : seulement, dans chaque portée, il a pris les couples les plus petits. S'il y a, dans l'organisation, une tendance à *s'accroître,* il y en a aussi une à *se réduire.*

Le chien, à l'état sauvage, est à peu près de la taille du renard : la création de deux races où la taille *naturelle* du chien est exagérée au point de grandeur ou de petitesse que je viens de dire, est quelque chose de prodigieux.

Ce double phénomène d'*accroissement* et de *réduction* a lieu partout. Le cheval primitif était de la taille de l'âne ou du zèbre. C'est l'art de l'homme qui produit nos énormes chevaux de trait. Comme extrème opposé, nous avons des chevaux remarquablement petits, les poneys.

L'art de l'homme peut aller jusqu'à faire acquérir au bœuf le double de sa taille normale.

Ainsi donc : 1° tendance à varier soit en *accroissement* soit en *réduction,* et 2° tendance à l'*hérédité* des variations; voilà les deux sources naturelles des races.

Ajoutons que la variation est de deux sortes : 1° elle peut porter sur le total de l'individu, et c'est celle qui nous donne des animaux plus ou moins grands; 2° elle peut ne porter que sur telle ou telle partie de l'individu ; et c'est cette variation partielle qui nous donne les races d'animaux, de chiens, par exemple, qui ont la queue ou les oreilles, ou telle autre partie, plus ou moins développées, par rapport au total de l'être.

Nous avons vu jusqu'où la variation totale peut aller. Passons aux différences des parties. Prenons le crâne du bouledogue : ce crâne présente des arêtes, des crêtes saillantes, destinées à donner insertion aux muscles puissants des mâchoires. Prenons, comme terme opposé, le crâne du carlin : il est complétement lisse C'est qu'ici des muscles, très-faibles, n'ont pas eu besoin de ces appendices, de ces expansions du crâne.

A la première vue, il serait impossible au naturaliste le plus exercé de reconnaître dans ces deux crânes si différents, du carlin et du bouledogue, des animaux de la même espèce.

Le chien a normalement cinq doigts aux pieds de devant, et quatre aux pieds de derrière; et l'on trouve des races de chiens qui ont cinq doigts, et même six aux pieds de derrière.

Le chien a, dans son système dentaire, trois fausses molaires en haut, quatre en bas, et deux

tuberculeuses derrière l'une et l'autre carnas-
sières; et il y a des races de chiens qui ont quatre
fausses molaires en haut, et trois tuberculeuses,
soit en haut, soit en bas.

On appelle, en physiologie, variations *congé-
niales,* celles qui sont de *naissance :* celles-là
seules peuvent se transmettre. Les variations
accidentelles ne sont pas héréditaires; un chien
à qui on a coupé la queue ne produira pas des
chiens qui manquent de queue.

J'ai fait, sur cela même, un grand nombre
d'expériences. J'ai obtenu des chiens d'un père
et d'une mère auxquels j'avais enlevé la rate. Les
petits ont tous eu une rate. J'ai enlevé la rate
à ces petits; et ces petits ont produit d'autres
petits ayant encore leur rate.

Les chiens, dont on a arraché les oreilles, produisent des chiens qui ont des oreilles.

Je divise les causes de variation en *internes* ou
productrices et en *externes* ou *provocatrices.* Les
causes *externes* sont : 1° le climat ou la température; 2° la nourriture; 3° la domesticité.

1° *La température.* Unie à la lumière, elle fait
varier la couleur. Le teint des hommes brunit
de plus en plus du nord au midi.

La température fait varier la quantité des poils

dans les animaux. Les animaux des pays froids les ont longs et nombreux. Le contraire arrive dans les pays chauds : le chien de Turquie est presque nu.

Le climat de l'Espagne est remarquable par les modifications qu'il fait subir au poil des animaux : c'est d'Espagne que nous viennent le mérinos, l'épagneul (ici le mot indique l'origine). Le climat d'Angora, dans l'Anatolie, partage ce privilége, et même l'exalte : on connaît le chat, le lapin, la chèvre d'Angora.

2° *La nourriture*. Tout le monde sait que la quantité et la qualité des herbages font varier la taille et le volume des animaux. Où l'herbe est sèche, peu abondante, les bœufs sont émaciés, rapetissés. Au contraire, les gras pâturages de l'Allemagne, de la Suisse, nourrissent des bœufs gros et grands.

3° *La domesticité*. De toutes les causes extérieures de variation, celle-ci est la plus puissante, la plus *provocatrice,* si je puis ainsi dire; elle embrasse toutes les autres : l'homme soumet tout à la fois les animaux à un autre climat, à une autre nourriture, à d'autres habitudes, etc.

Ainsi donc, et ceci est ma conclusion, l'espèce

est fixe ; les individus sont susceptibles de varier dans de certaines limites ; ces variations sont transmissibles, et l'hérédité des variations nous donne les *races*.

Mais toutes ces races produisent ensemble ; elles sont toutes douées entre elles de *fécondité continue* ; elles ne sortent donc pas de l'espèce. En un mot, les variations ne dépassent pas la superficie de l'être, elles n'affectent en rien l'organisation profonde ; et, pour rappeler encore une fois l'expression de Buffon, les races ne sont que les variations des *touches accessoires*.

SIXIÈME LEÇON

Influence du climat sur les races. — Poils des animaux. — Expériences de Daubenton sur les bêtes à laine. — Domesticité des animaux.

Nous avons vu, dans l'organisation animale, deux aptitudes, deux tendances démontrées par les faits : 1° la tendance à variation ; 2° la tendance à transmission. Ce sont là les deux sources productrices, les deux causes *internes*, de toutes les races. Les causes extérieures ne sont que des causes provocatrices. Sans les causes internes, les causes *externes* agiraient en vain ; les variations ne se formeraient pas, ou, s'étant formées, elles ne se transmettraient pas, elles resteraient purement individuelles : il ne se ferait point de races.

J'ai parlé du climat de l'Espagne et de celui d'Angora comme agissant d'une manière toute particulière sur les poils des animaux. J'ai cité le mérinos, l'épagneul; j'ai cité la chèvre, le lapin, le chat d'Angora.

Le climat donne à ces races d'animaux un poil très-doux. Angora, dans l'Anatolie, est une localité dont l'influence est très-circonscrite : cette influence est limitée par le fleuve Halys. De l'autre côté du fleuve, les chèvres n'ont plus la même qualité de poils. Quelquefois à Angora la mortalité frappe les troupeaux : les éleveurs achètent alors des chèvres ordinaires auxquelles ils donnent le bouc d'Angora; au bout de trois générations, la race des chèvres d'Angora se trouve reproduite.

Tous les animaux sauvages ont deux espèces de poils : 1° le poil soyeux ; 2° le poil laineux. Si l'on écarte, avec la main, les soies du mouflon, tige première de notre mouton, on trouve à leur racine le poil laineux : c'est le poil soyeux qui, recouvrant l'autre, donne sa couleur à l'animal.

Les variations peuvent atteindre, peuvent détruire l'un ou l'autre de ces deux poils. Dans le mérinos, le poil laineux subsiste seul. Au con-

traire, nos chiens domestiques n'ont conservé
que le poil soyeux. A l'état sauvage, il n'en est
pas de même : le mouflon, souche du mouton,
et le chien de la Nouvelle-Hollande, à demi-sau-
vage, ont toujours les deux poils.

C'est ici le lieu de parler des belles expériences de Daubenton sur les moutons.

Daubenton avait commencé par être, comme
chacun sait, le collaborateur de Buffon : il fit,
pour Buffon, toutes les anatomies des quadrupèdes. Préparé par ces études, il tourna plus
tard ses idées du côté de l'application; il s'occupa de l'amélioration des bêtes à laine, et cela
avec une ardeur et une persévérance telles qu'on
put surnommer, un jour, notre respectable savant : le *berger Daubenton*.

Nous tirions alors (1766) toutes les laines fines
de l'Espagne. Le gouvernement français, voulant
s'affranchir de ce tribut, s'adressa à Daubenton.
Le problème était celui-ci : obtenir, avec les races
françaises, une laine aussi belle que celle des
mérinos d'Espagne.

Daubenton commença par faire venir des béliers du Roussillon, province qui, confinant à
l'Espagne, devait avoir, et a en effet avec elle des
analogies de climat. Il unit ces béliers avec les

brebis de Bourgogne. Les expériences se faisaient à Montbard.

Il faut savoir que la laine d'Espagne se distingue par quatre qualités : Elle est : 1° longue ; 2° abondante ; 3° fine ; 4° pure. Il s'agissait de donner à nos laines ces quatre qualités. Voici les résultats qu'obtint Daubenton :

1° *Longueur*. Les béliers, tirés du Roussillon, avaient une laine longue de 6 pouces, et les brebis de Bourgogne une laine longue de 3 pouces. Daubenton, les ayant unis ensemble, obtint, à la première génération, une longueur de 5 pouces, à la deuxième une longueur de 6 pouces, et ainsi de suite. Dans chaque portée, il choisissait les petits, mâle et femelle, qui avaient la laine la plus longue pour les unir ensemble. Au bout de sept ou huit générations, il avait obtenu 22 pouces de longueur.

2° *Abondance*. La toison du premier bélier reproducteur pesait 2 livres. La toison de ceux qui suivirent fut de 6 livres, puis de 8, puis de 10, et enfin de 12.

3° *Finesse*. La finesse suivit la même progression.

4° *Pureté*. La laine pure est celle qui n'a plus du tout de poils soyeux ou de *jarres*, pour me servir du terme employé en économie domestique. A la quatrième génération, Daubenton avait purgé ses produits de tout poil soyeux, et n'avait plus que des moutons à laine pure.

Voilà, certes, de beaux résultats, et qui assurent à la mémoire de Daubenton la reconnaissance de la science et de son pays.

Les variations, qui font les races, sont, je l'ai dit, superficielles, fugitives; et ce qui le prouve bien, c'est qu'à la première occasion donnée, elles s'effacent; la *race* disparaît, et ce qui renaît, c'est l'*espèce*. Lors de la conquête du nouveau monde, les Espagnols n'y trouvèrent aucun animal de l'ancien continent. Ils y portèrent nos animaux domestiques. On les y lâcha. Rendus à la liberté, ces animaux redevinrent sauvages au bout d'un certain temps, et reprirent leur type primitif. Le cochon redevint le sanglier, le mouton redevint le mouflon.

En fait de variations, les plus profondes se voient dans le chien, celui de tous nos animaux domestiques sur lequel, dit Buffon, *la main de l'homme a le plus appuyé*; et me voilà amené à vous parler de la *domesticité* des animaux, cette autre cause *provocatrice* de la race.

Buffon disait, en termes généraux : « La domesticité des animaux est due à la puissance de l'homme; » proposition vague et qui n'éclaircit rien. Pourquoi donc la *puissance* de l'homme n'a-t-elle agi que sur certains animaux?

Avant Frédéric Cuvier, personne n'avait sérieusement pensé sur cette question. Personne même ne se l'était véritablement posée. Cet excellent observateur nous a appris que la cause primitive de la domesticité des animaux est la *sociabilité*[1] : tous les animaux qui vivent en troupes peuvent être rendus domestiques; aucun animal, vivant solitaire, n'est jamais devenu domestique.

Toutes nos espèces domestiques sont primitivement sociables. Nos chevaux portés dans le nouveau monde, et redevenus sauvages, y vivent en troupes, en société. Gmelin et Pallas ont vu, en Tartarie, des troupes de plusieurs milliers de chevaux sauvages : ces chevaux se donnent un chef, qui est toujours un vieux mâle. Les chiens sauvages, en Amérique, sont également sociables; ils s'associent pour chasser, pour se creuser des terriers. L'âne primitif, que l'on trouve encore dans le centre de l'Asie, y vit en troupes nombreuses. Il en est de même du mou-

1. Voyez mon livre intitulé : *De l'instinct et de l'intelligence des animaux.*

flon, type du mouton; de même encore du taureau sauvage. Tous ces animaux ont l'instinct de la sociabilité, instinct que l'homme a su faire tourner à son profit.

La mission première de l'homme a été la domination du globe : pour y arriver, il lui a fallu d'abord disputer l'empire aux éléments, à la nature inorganique; puis il a fait la guerre aux êtres animés. Le point le plus important, pour lui, a été de se créer un parti parmi les animaux. Il s'est associé le chien, et il l'a si bien gagné que le chien est devenu l'ami, l'auxiliaire de l'homme, qu'il a pris le parti de l'homme contre les autres chiens. Après cette conquête, l'homme a fait celle du cheval. Avec ces deux auxiliaires, il lui a été facile de se rendre maître de tous les autres animaux.

On me fera peut-être cette objection. Nous avons fait un animal domestique du chat, qui cependant n'est pas, naturellement, un animal sociable.

Je réponds qu'il faut essentiellement distinguer l'animal *apprivoisé* de l'animal *domestique*. Un animal apprivoisé est un animal assoupli, adouci. On peut apprivoiser l'ours, dont l'espèce, comme on sait, n'est pas du tout sociable, et, jusqu'à un certain point, le loup, la panthère. Pline nous parle de chars traînés par des panthères chez les Romains. Nous avons vu, à Paris, jusqu'où peut aller l'action des dompteurs de bêtes féroces sur le lion, sur le tigre. L'apprivoisement dont ces animaux sont susceptibles est tout individuel.

Le chat n'est pas devenu *domestique :* il n'est qu'*apprivoisé*. Il se sert de nous, de notre maison, de la proie qui s'y cache. Il est l'ami de l'habitation, non de l'habitant. On ne peut établir aucune analogie entre le chat, qui, dans la fréquentation de l'homme, recherche uniquement son propre avantage, et le cheval, qui partage les travaux de l'homme, ou le chien, qui partage jusqu'à ses douleurs.

SEPTIÈME LEÇON

Sociabilité des animaux domestiques.
Lois de la fécondité.

Nous connaissons le principe, la *cause interne* de la domesticité des animaux ; c'est la sociabilité.

Suivons l'effet de cet instinct, l'instinct sociable, dans nos oiseaux domestiques.

La poule, le dindon, le paon sont domestiques ; ces trois espèces sont aussi primitivement sociables. La poule vit à l'état sauvage à Java et dans l'Indostan, et elle y vit en société, en troupes. On voit, aujourd'hui encore, le dindon vivant à l'état sauvage et en troupes dans la Virginie, d'où il a été apporté en Europe, au xvie siècle. C'est à la conquête de l'Inde par Alexandre que nous avons dû le paon : le paon sauvage vit en troupes. La pintade, oiseau de basse-cour, qui nous vient d'Afrique, l'oie, le canard, le pigeon domestique, sont également des espèces qui, dans l'état de nature, vivent en société. Le faisan n'est qu'à demi sociable, il n'est aussi qu'à demi domestique.

Revenons aux mammifères. Nous avons rendu le lapin domestique, et non pas le lièvre. Pourquoi? C'est que le lapin est un animal sociable, un animal qui vit en famille, et que le lièvre est un animal qui vit solitaire.

Les Espagnols n'ont trouvé, dans le nouveau monde, que trois animaux domestiques : deux ruminants, l'alpaca et le lama, et un petit rongeur, le cochon d'Inde ou *aperea*. Ils sont, tous les trois, naturellement sociables.

Nous touchons au terme de notre première question, celle de la *spécification* des êtres. Tout, dans cette belle question, repose sur le caractère de la *fécondité*. Il nous importe donc essentiellement de connaître les lois de la fécondité elle-même.

Il y en a quatre principales : la première règle le rapport de la fécondité avec la taille de l'animal; la deuxième, le rapport des sexes dans les naissances; la troisième, la prédominance

de certains types dans les croisements; la quatrième, l'influence de la domesticité sur la fécondité.

1° *Rapport de la fécondité avec la taille de l'animal.* — Le rapport de la fécondité est inverse de
celui de la grandeur : plus l'animal est petit,
plus il est fécond. L'éléphant, le rhinocéros, le
dromadaire, l'hippopotame, qui sont les plus
grands des animaux terrestres, ne donnent jamais
qu'un petit par portée. Le cheval, l'âne, le taureau, qui viennent après par ordre de taille, donnent, en général, un petit, quelquefois deux. Le
chamois, la chèvre, la brebis, qui sont de moyenne
grandeur, produisent deux petits, quelquefois
trois. Le mulot, le lapin, animaux de petite
taille, en produisent dix et même jusqu'à vingt,

L'éléphant donne une portée tous les quatre
ans, vraisemblablement; le cheval, tous les ans;
le cochon d'Inde peut donner six portées par
an; le lapin, douze portées.

2° *Rapport des sexes dans les naissances.* — Le
sexe mâle prédomine toujours et partout dans
les naissances.

Buffon l'avait très-bien remarqué pour l'espèce
humaine. Il avait relevé les naissances dans un
grand nombre de paroisses de la Bourgogne et

de la Picardie, et il avait exprimé le résultat de ses observations de la manière suivante : « Il naît un seizième d'enfants mâles de plus que d'enfants femelles. » Le calcul, fait chaque année par le Bureau des longitudes, confirme ce résultat. La même loi règne dans toutes les espèces des mammifères.

Buffon a fait une autre remarque : c'est que cette prédominance du sexe mâle, si grande dans les espèces pures, est plus grande encore dans les espèces mixtes ou croisées. Il se fondait sur les quatre observations suivantes :

1° Il avait uni un bouc et une brebis; la portée donna 7 mâles sur 9 petits;

2° Il accoupla un mâle de cette portée avec une brebis, et il obtint 6 mâles sur 8 petits;

3° La portée d'une chienne, unie à un loup, donna 3 mâles sur 4 petits;

4° Enfin la couvée d'une serine et d'un chardonneret donna 16 mâles sur 19 petits.

Depuis l'année 1845, je me suis occupé de recherches sur le même sujet. J'ai déjà réuni 59 observations :

59 portées, produites, soit par le mélange du chien et du chacal, soit par l'union du loup et du chien, soit par le mélange des métis entre

eux, m'ont donné 294 petits, dont 161 mâles et 133 femelles.

On voit que le nombre des mâles a excédé de plus d'un sixième celui des femelles.

Ainsi, tandis que, pour les espèces pures, la différence à l'avantage des mâles n'est que d'un *seizième,* elle est, dans les espèces mixtes, d'un *sixième.*

3° *Prédominance de certains types dans les croisements.* — Le type de l'âne est plus *ferme* que celui du cheval. Considéré en lui-même, le mulet nous paraîtrait un grand âne; personne n'aura l'idée de le comparer au cheval. Il n'a pas la docilité, la perfectibilité du cheval. Au contraire, il a hérité de l'entêtement de l'âne; il a le larynx conformé comme lui, il brait.

Le métis du chien et du loup se rapproche beaucoup plus du chien que du loup. Si l'on unit le chien et le chacal, c'est le contraire qui arrive : le type du chacal prédomine dans le métis.

4° *Influence de la domesticité sur la fécondité.* — Les espèces domestiques sont beaucoup plus fécondes que les espèces sauvages. Le lapin et le lièvre sont, à peu près, de même taille. Nous avons vu que le lapin, animal domestique, peut produire jusqu'à douze fois par an; le lièvre, animal sauvage, ne produit que trois ou quatre fois par année.

La chienne domestique a deux portées par an; à l'état sauvage, elle n'en aurait qu'une. La truie a deux portées par an, et chaque portée donne de quinze à vingt petits; la femelle du sanglier, souche du cochon, ne porte qu'une fois par an, et chaque portée ne donne que huit petits, dix au plus.

La civilisation est, pour l'homme, ce que la domesticité est pour les animaux : les nations civilisées ont une population riche en nombre, tandis que les peuplades sauvages de l'Afrique, de l'Australie, sont clair-semées dans l'espace, en même temps que misérables et dégradées.

La civilisation amène tout à la fois avec elle l'amélioration matérielle et l'amélioration morale de l'espèce humaine. En pareille matière, il ne faut pas s'en laisser imposer par les éloquentes invectives de J.-J. Rousseau; il faut voir les faits.

HUITIÈME LEÇON

Durée de la gestation. — Naissances précoces ou tardives.
Naissance du mâle précédant celle de la femelle.

J'ai exposé les quatre lois principales de la fécondité : il en est d'autres.

Il y en a une qui règle la durée de la gestation. Cette durée est toujours en raison directe de la grandeur de l'animal; c'est le contraire de ce qui arrive pour la fécondité. Les plus grands animaux sont les moins féconds, et ceux qui ont la gestation la plus longue.

L'éléphant, qui est le plus grand des animaux terrestres, est aussi celui dont la gestation est la plus longue. Nous savons aujourd'hui qu'il porte vingt, ou peut-être vingt-deux mois. La durée de l'allaitement étant, en général, égale

à la durée de la gestation, il est probable, par
cela même, que l'éléphant ne peut pas produire
plus d'une portée tous les quatre ans, comme je
l'ai dit.

Cet animal, que Buffon, dans son beau langage, appelle *le dernier effort de la nature*, mérite
de nous arrêter un instant. Il a intéressé de tout
temps les naturalistes; il a excité la curiosité du peuple : le caractère de la grandeur
frappe l'imagination des hommes, et de tous les
hommes.

Les naturalistes ont dit sur l'éléphant beaucoup de belles choses et quelques sottises : Pline,
Élien se sont imaginé qu'il avait une intelligence
infiniment supérieure à celle des autres animaux; ils lui attribuent une religion, le culte
du soleil et de la lune, etc. D'autres ont dit qu'il
refusait de produire dans l'esclavage. Ils lui prè-
tent ce motif qui serait bien noble : qu'il ne
veut pas produire une race d'esclaves. Voici qui
est encore plus fort : l'éléphant connaîtrait la
pudeur. Ainsi il serait doté des sentiments les
plus fiers et les plus délicats. Ai-je besoin de dire
que ce sont là des fables? Il est certain qu'il
produit en esclavage; l'Anglais Corse, qui a
dirigé pendant vingt ans les éléphants de la

compagnie des Indes, a constaté le fait. C'est aussi lui qui nous a fait connaître la durée de la gestation de l'animal. Élien nous apprend qu'il y avait, à Rome, des hommes qui s'occupaient de la reproduction des éléphants; Columelle de même : *Cum inter mœnia nostra natos animadvertamus elephantes.*

Il est sociable, il vit en troupe, la troupe a un chef. Mais alors on demande : pourquoi n'est-il pas domestique?

En Orient, à Siam, on le trouve à l'état de domesticité; c'est même un domestique très-fidèle, très-intelligent. Dans nos contrées, l'homme ne se l'est pas attaché, par une raison bien simple : c'est qu'il lui serait inutile. En outre, la grande quantité d'aliments qu'il consomme rendrait sa domesticité onéreuse.

C'est par la même raison, tirée du défaut d'utilité, que plusieurs autres animaux n'ont pas été acclimatés en Europe. A quoi nous servirait le chameau, quand nous avons le cheval; l'alpaca, quand nous avons le mérinos? Cette loi, que tous les animaux sociables peuvent devenir domestiques, n'en subsiste pas moins. Le chameau, en Afrique, l'alpaca, en Amérique, sont à l'état domestique. D'autres animaux, quoique très-sociables, n'ont pas été soumis à la domesticité, parce qu'on n'a pas jugé à propos de les y soumettre; par exemple, le singe : nulle part l'homme n'a voulu s'associer cet animal pétulant, fantasque et malfaisant.

Quel est l'âge auquel peut atteindre l'éléphant? A cet égard, les observations sont encore peu nombreuses : on a vu des éléphants qui ont vécu cent vingt et même cent trente ans à l'état de domesticité.

Je me suis beaucoup occupé de la question de la durée de la vie dans les différentes espèces. Je suis arrivé à cette conclusion, que la durée normale de la vie, dans chaque espèce, répond à cinq fois la durée du développement. Tout animal croît en hauteur jusqu'à l'époque où se fait la soudure des os avec les épiphyses. Dans l'homme, cette soudure se fait à vingt ans. L'homme peut donc vivre cinq fois vingt ans, c'est-à-dire cent ans. Voilà sa vie *normale*. Quant à sa vie *extrême*, elle peut aller jusqu'à deux cents ans[1].

La vie *extrême* de l'éléphant peut aller, je crois,

1. Voyez, sur la *durée de vie* dans les différentes espèces, mon livre intitulé : *De la longévité humaine et de la quantité de vie sur le globe.*

jusqu'à trois cents ans; il est certain du moins que la durée normale de sa vie n'est pas moindre de cent cinquante ou deux cents.

Quelle est la durée de la gestation dans les autres espèces animales?

Parmi les grands animaux, le rhinocéros porte 16 mois; la girafe, 12; le cheval et le zèbre, 11.

Pour la *durée de la gestation,* l'espèce humaine appartient à la catégorie des espèces de deuxième taille. La gestation, dans l'espèce humaine, dure 9 mois. Le cerf, le renne, l'élan portent 8 mois; le lama, l'alpaca, 6; le bélier, la chèvre, 5.

Parmi les petits animaux : le castor porte 4 mois; le porc-épic, 3; l'écureuil, 1; la souris, 3 semaines.

Je dois m'arrêter un moment sur un fait qui paraît contredire la loi que je viens d'établir : le lapin porte 30 jours, et le cochon d'Inde, qui est plus petit que lui, porte 60 jours. L'anomalie n'est qu'apparente : les petits du lapin naissent à peine ébauchés, pour ainsi dire; ils ne peuvent point marcher, ils sont nus, ils restent, sans presque bouger, sous le ventre de leur mère. Leur développement *fœtal* ne s'achève qu'à l'extérieur. Le petit du cochon d'Inde, au contraire, s'est complétement développé dans l'utérus ; à sa naissance, il est à moitié aussi grand que père et mère : il est agile, fort, couvert de poils.

Il s'établit donc ainsi, dans ces deux espèces, une véritable compensation entre la durée du développement intérieur et la durée du développement extérieur.

Des observations précises nous ont appris que le lion, le tigre et le léopard portent 108 jours. Le chat porte 56 jours. Le loup, le chien, le chacal, groupe très-naturel, ont une gestation de durée égale : elle est, en général, de 60 jours. L'ours porte 6 mois.

Dans la classe des oiseaux, l'incubation répond à ce qu'est la gestation dans les mammifères : le germe de l'oiseau se développe à l'extérieur, c'est-à-dire dans l'œuf pondu. Le cygne couve 45 jours ; l'oie, de 32 à 35 ; le canard et le dindon, 28 ; le faisan, de 22 à 25 ; la pintade, 25 ; la poule, 21 ; le pigeon et le serin, 13 ; le colibri, 12.

Ainsi, l'éléphant *porte* 20 mois, le colibri *couve* 12 jours : voilà les deux extrêmes.

Je dois dire ici quelques mots touchant la question des naissances précoces et des naissances tardives.

Dans l'espèce humaine, les organes de la *vie d'adulte*[1] étant formés à sept mois, le fœtus, né à cette époque, peut être viable, mais il demande les plus grands soins.

Il n'existe pas un seul fait authentique d'un fœtus né viable à six mois. A plus forte raison, faut-il rejeter, comme autant de fables, ces naissances, suivies de vie, qui auraient eu lieu à cinq et même à quatre mois.

Le terme de la naissance, j'entends de la naissance d'un *fœtus viable,* peut donc être avancé. Mais peut-il être retardé? C'est ici une des questions qui ont été le plus vivement débattues en médecine.

Le terme de la naissance est quelquefois retardé du 60me au 64me jour pour le chacal, le chien et le loup; du 28me au 30me jour pour le canard. J'ai vu ces variations. L'analogie porte à penser que, dans l'espèce humaine, la naissance peut aussi être retardée, mais certainement de bien peu, de quelques jours tout au plus.

Tout dans la nature, et très-particulièrement tout ce qui se rapporte à la fécondité,

---

1. On verra plus tard qu'il y a des organes distincts pour la *vie fœtale* et pour la *vie d'adulte.*

est soumis à des lois. Ces lois nous échappent souvent, mais elles existent. Une expérience faite par Aristote va nous en révéler une des plus délicates.

Le pigeon produit deux œufs, l'un mâle, l'autre femelle : cela est invariable, ou à fort peu près. Aristote voulut savoir quel était celui des deux sexes qui naissait le premier. Il trouva que toujours le premier œuf donnait le mâle, et le second la femelle.

J'ai répété cette petite et jolie expérience. J'ai observé les pontes d'un même couple de pigeons jusqu'à onze fois de suite : dix fois consécutives, l'œuf mâle est sorti le premier. A la onzième fois, il y a eu une production anormale de trois œufs, mais il s'est trouvé un œuf clair, et c'est le premier sorti qui a donné la femelle.

Ainsi donc, dans l'espèce du pigeon, la loi générale est que le mâle naît le premier.

Le philosophe, ou plutôt celui qui se croit philosophe, dédaigne ces faits qu'il regarde comme petits, comme puérils. Savoir quel est celui des deux sexes qui naît le premier. Eh! qu'importe? Les plaisants de l'antiquité se moquaient d'Aristote et de son école. Lucien nous représente un péripatéticien qui s'applique à rechercher quelle peut être la durée de la vie d'un cousin ou la nature de l'âme d'une huître. Le naturaliste peut répondre au satirique comme au philosophe que, dans l'observation scientifique, rien n'est petit, rien n'est inutile. Un des plus beaux priviléges de la pensée est de s'élever, par l'étude comparée des faits, même les plus petits, à la connaissance de quelque loi de la nature, chose toujours très-grande.

NEUVIÈME LEÇON

Exclusivité de l'espèce humaine. — Son unité.
Égalité de toutes les races humaines.

Nous sommes arrivés au terme de cette grande question : la *spécification des êtres*. Permettez-moi de la résumer en quelques mots.

Nous voyons le globe couvert d'êtres vivants. Comment la nature les a-t-elle distingués, groupés? On dit tous les jours : la nature ne fait que des individus.

Nous avons pourtant vu que la nature fait quelque chose de plus, qu'elle groupe les individus par parenté, par consanguinité, qu'elle a fait les espèces. Mais quel est le signe extérieur de cette parenté, laquelle est de soi très-cachée? La parenté des êtres, a dit Buffon, est le plus profond mystère de la nature. Elle est si cachée qu'elle existe malgré toutes les dissemblances, et peut ne pas exister malgré toutes les ressemblances.

Je rappellerai les exemples que j'ai déjà cités : l'âne et le cheval sont semblables, ils sont parents, mais comme *genre* seulement ; le chien et le renard sont semblables, ils ne sont pas parents même comme *genre*; le lévrier et le barbet sont dissemblables, ils sont parents comme *espèce*.

Nous avons trouvé le caractère extérieur qui trahit, qui accuse la parenté, savoir la fécondité. Continue, elle nous révèle l'espèce; bornée, elle nous révèle le genre.

Enfin nous avons étudié les lois de la fécondité.

Nous avons traité toutes ces questions dans leurs rapports avec les êtres vulgaires. Il nous reste à les examiner relativement à une espèce privilégiée, supérieure à toutes, en dehors de toutes, relativement à l'espèce humaine.

Dans cette leçon, je prouverai : 1° l'exclusivité de l'espèce humaine; 2° son unité; 3° l'égalité de toutes les races humaines entre elles.

1° *Exclusivité de l'espèce humaine.*

Toutes les autres espèces animales en ont de voisines ou de consanguines. Le chien et le chacal, le chien et le loup, le cheval et l'âne sont des espèces voisines; elles sont même consanguines à un certain degré, ayant entre elles la fécondité bornée.

L'homme seul n'a nulle espèce voisine; il n'a pas d'espèce consanguine. Sur ce dernier point, on rougirait d'exprimer seulement un doute. L'homme est d'une nature propre, exclusive de toute autre. Buffon a dit que toutes les grandes espèces étaient des espèces uniques. Il se trompait : de son temps les faits manquaient. Le lion et le tigre sont deux espèces voisines, consanguines même; accouplés, ils peuvent produire, ils ont produit. Buffon a confondu les traits de l'éléphant d'Asie et de l'éléphant d'Afrique; ce sont deux espèces aujourd'hui parfaitement distinguées, mais voisines. Buffon ne connaissait qu'une espèce de rhinocéros; nous en connaissons aujourd'hui cinq et peut-être six.

Le privilége de l'*exclusivité* n'appartient qu'à l'espèce humaine; elle exclut les autres espèces, et elle en est exclue. Je dis l'*espèce humaine* et je fais remarquer, en passant, que, dans le langage vulgaire, on dit indifféremment *espèce humaine* ou *genre humain*. Il serait puéril de relever la locution *genre humain*, employée dans la conversation ou même dans un ouvrage littéraire; mais on doit la bannir du langage scientifique. Nous venons de dire pourquoi : l'homme ne fait pas *genre* et il est le seul, de tous les êtres connus, qui ne fasse pas *genre*.

2° *Unité de l'espèce humaine.* Toutes les diversités physiques qui distinguent les hommes entre eux sont des diversités de *race* et non des diversités d'*espèce*.

Ceux qui nient l'unité de l'espèce humaine s'appuient principalement sur les différences que présentent le crâne et la couleur de la peau.

Blumenbach avait étudié, avec beaucoup de soin, les crânes humains. Il a consigné ses précieuses observations dans un livre intitulé : *Decades collectionis suæ craniorum*[1]. C'est, selon moi, son ouvrage le plus remarquable.

Il distingue cinq races humaines : les races caucasique, éthiopique, mongolique, américaine et malaie. Ces noms sont restés. Indiquons très-brièvement les caractères sur lesquels Blumen-

---

1. Publié en VII décades. Gœttingue, 1790-1828, in-4°, avec 65 planches.

bach établit les trois races principales : 1° la race *caucasique* présente un crâne en forme d'ovale, le front et le nez saillants, la face petite relativement au crâne ; 2° l'ovale du crâne n'est plus dans la race *éthiopique ;* le crâne est aplati sur les côtés, la mâchoire supérieure est saillante, le front recule, le nez est écrasé ; 3° la race *mongolique* se fait remarquer par une face élargie, un nez écrasé, des yeux plus ou moins obliques, une mâchoire supérieure moins saillante que dans la race éthiopique.

Quant aux caractères de la race *américaine* et de la race *malaie,* nous ne nous y arrêterons pas : la race *américaine* paraît se rattacher à la race *mongolique ;* et l'on peut croire que la race *malaie* n'est qu'un mélange des races *mongolique* et *éthiopique.*

Les différences que je viens de rappeler dans les têtes humaines sont, sans doute, très-saisissables, quand on se place aux deux extrêmes de la série. Mais, entre ces deux points, Blumenbach a eu l'art de disposer des intermédiaires graduellement nuancés : au milieu de la série il n'y a plus de différences tranchées [1].

1. Voyez l'*Éloge historique de Blumenbach,* dans le tome Ier de mes *Éloges historiques.*

Quoi qu'il en soit, prenons les deux extrêmes. Les différences sont-elles de nature à jeter du doute sur l'unité de l'espèce humaine? Évidemment non. La *race* est différente, non l'*espèce*. Rappelons-nous ces chiens si différents de forme et même de squelette, ces crânes lisses à côté de ces crânes armés de crêtes, etc. Est-ce que l'Européen et le nègre sont aussi dissemblables entre eux par leur crâne que le sont le carlin et le bouledogue? Et puisque ceux-ci sont de la même espèce, pourquoi l'Européen et le nègre, bien moins dissemblables, ne seraient-ils pas de la même espèce?

Passons à la seconde objection contre l'unité de l'espèce humaine : la différence dans la couleur de la peau.

Blumenbach, qui a fait de si beaux travaux sur le crâne, ne s'est pas occupé de la peau.

Mes études anatomiques sur la peau humaine m'ont convaincu que la peau des hommes de race caucasique et celle des hommes de race éthiopique sont la même peau.

La peau humaine se compose fondamentalement de trois lames ou membranes distinctes: 1° l'épiderme externe; 2° l'épiderme interne; 3° le derme. Nous retrouvons cette structure dans toutes les races. Dans les couches les plus profondes des cellules de l'épiderme interne réside la matière colorante appelée *pigmentum*. C'est cette matière qui colore la peau du nègre. Remarquons bien que le pigmentum n'est pas une membrane, un organe; ce sont des granulations amorphes qui se développent dans les cellules de l'épiderme. La peau du nègre commence par être sans pigmentum, et, d'un autre côté, celle du blanc peut l'acquérir.

Le pigmentum prend un certain développement dans plusieurs peuples de race caucasique : les Arabes, par exemple. Voici un fait plus décisif encore; M. Guyon, chirurgien en chef de l'armée d'Afrique, m'avait envoyé quelques lambeaux détachés de la peau d'un de nos soldats, mort en Algérie; j'ai trouvé dans cette peau, que le climat avait basanée, un pigmentum très-marqué. Il y a plus; dans la peau du blanc, même à l'état normal, le pigmentum se montre et colore certaines parties, notamment l'aréole qui, dans la femme, entoure le mamelon.

Tout cela prouve que la coloration noire de la peau est un caractère tout à fait superficiel, accidentel; et nous comprenons cette belle phrase de Buffon : « L'homme, blanc en Europe, noir en Afrique, jaune en Asie, et rouge en Amérique, n'est que le même homme teint de la couleur du climat [1]. »

Enfin, un dernier caractère qui nous démontre jusqu'à l'évidence l'unité de l'espèce humaine, c'est la *fécondité continue* que possèdent entre elles toutes ses races. Écoutons, sur ce point, Buffon :

« Dès que l'homme a commencé à changer de
« ciel, et qu'il s'est répandu de climats en cli-
« mats, sa nature a subi des altérations : elles
« ont été légères dans les contrées tempérées,
« que nous supposons voisines du lieu de son
« origine, mais elles ont augmenté à mesure
« qu'il s'en est éloigné; et lorsque, après des
« siècles écoulés, des continents traversés et
« des générations déjà dégénérées par l'influence
« des différentes terres, il a voulu s'habituer
« dans les climats extrêmes, et peupler les sables
« du midi et les glaces du nord, les changements
« sont devenus si grands et si sensibles qu'il y
« aurait lieu de croire que le nègre, le Lapon et
« le blanc forment des espèces différentes, si l'on
« n'était assuré que ce blanc, ce Lapon et ce

1. T. III, p. 1.

« nègre, si dissemblants entre eux, peuvent ce-
« pendant s'unir ensemble et propager en com-
« mun la grande et unique famille de notre
« genre humain [1]. »

3° *Égalité entre toutes les races humaines.*

Sur ce point, je serai très-court.

J'ai prouvé que, dans tous les hommes, le
crâne et la peau sont essentiellement les mêmes.
Un front plus ou moins saillant, un pigmentum
sécrété avec plus ou moins d'abondance, ces
accidents de race ne portent aucune atteinte à
l'*unité d'espèce.*

J'ajoute : ce n'est ni le crâne, ni la peau qui
constituent l'homme. Ce qui fait notre essence,
ce qui est nous, c'est notre *âme;* cette âme est
la même dans tous les hommes; notre fonds
d'idées, notre fonds de sentiments est le même,
et cette identité de sentiments et d'idées, ce fonds
commun de pensée, servi par le don heureux de
la parole, est ce qui constitue l'égalité morale
entre toutes les races humaines. Aucune n'est
fondée à s'attribuer une suprématie sur les
autres.

On objecte que la race nègre n'a pu s'élever

1. T. IV, p. 110.

encore jusqu'à la culture des sciences et des lettres; et cela est vrai. C'est là une très-réelle infériorité, mais ce n'est qu'une infériorité accidentelle, temporaire : ce n'est point une infériorité de nature, et l'on ose croire que, placée dans des circonstances plus heureuses, la race nègre pourra s'élever, un jour, au niveau intellectuel des peuples civilisés.

DIXIÈME LEÇON

Formation des êtres; historique. — Génération
spontanée.

Des quatre grandes questions qui font l'objet
de ce cours, j'ai traité la première : la *spécification des êtres*. C'était une question toute nouvelle,
si nouvelle que, si vous exceptez quelques-uns
de mes écrits où j'en ai touché quelques points,
vous n'en trouverez trace nulle part. Il n'en est
pas de même de la question que j'aborde aujourd'hui : la *formation des êtres*. C'est, au contraire, une des questions les plus anciennes de
la science.

Poussé par une curiosité peu réfléchie, l'esprit humain s'adresse d'abord à ce qu'il y a de plus caché dans la nature : manquant de faits, c'est avec le secours des hypothèses qu'il cherche la vérité. Elles l'en éloignent. La vérité n'est jamais que le fruit lent et tardif de l'observation.

Les hypothèses ne sont rien. Il en est cependant quelques-unes, et particulièrement en ce qui touche à la mystérieuse question de la *formation des êtres,* qui ont si profondément occupé les esprits, qu'elles font, jusqu'à un certain point, partie de la science. Je dois vous les exposer.

Je les divise en hypothèses philosophiques et en hypothèses physiologiques.

Occupons-nous d'abord des premières : la plus ancienne est celle de la *génération spontanée.*

Toute l'antiquité a cru à la *génération spontanée.* Les anciens faisaient tout venir de la terre. Tout, en effet, pour un œil superficiel, semble en venir, et en venir spontanément; tout, chaque année, renaît avec le printemps, et c'est la terre qui paraît produire cette rénovation. De l'observation commune, cette impression passa, de bonne heure, dans la philosophie. Le premier

qui ait donné à cette erreur la forme dogmatique
est Épicure : suivant lui, la terre, dans sa première énergie, avait produit tous les animaux,
et même l'homme.

Plutarque convient que, de son temps, la
terre, moins *énergique*, ne produisait plus que
des rats[1]. La méprise de Plutarque a aussi sa
source dans une apparence : il y a des années
où les rats abondent en quantité prodigieuse;
on les voit sortir de dessous terre, pour ainsi
dire. Le peuple étonné leur donne la terre pour
mère.

A plus forte raison, l'idée des *générations spontanées* fut-elle d'abord adoptée par les poëtes.
Selon les poëtes, la terre était la *mère commune*
de toutes choses. Vous vous rappelez ce beau
vers de Lucrèce :

Omniparens eadem rerum commune sepulcrum.

On comprend qu'Épicure et Plutarque, qui
n'étaient pas naturalistes, aient ainsi donné dans

1. Jamque adeo affecta est ætas, effœtaque Tellus,
   Vix animalia parva creat, quæ cuncta creavit
   Sæcla, deditque ferarum ingentia corpora partu.
                          (Lucrèce, liv. II.)

une croyance populaire. Mais qu'Aristote, ce grand naturaliste, ait cru, lui aussi, à la génération spontanée, il y a là de quoi nous surprendre.

Aussi n'y a-t-il point cru d'une manière absolue. Aristote n'admet la génération spontanée que le moins qu'il peut, et, si je puis ainsi dire, qu'à son corps défendant. C'est là ce qu'il faut bien voir.

Aristote distingue trois sortes de générations : 1° la génération *vivipare;* 2° la génération *ovipare;* 3° la génération *spontanée.* Toutes les fois qu'Aristote connaît bien le mode de génération d'un animal, il le classe soit parmi les vivipares, soit parmi les ovipares. Mais toutes les fois aussi qu'il n'a pas suivi le mode de génération de l'animal, qu'il ignore ce mode, il classe l'animal parmi les animaux à génération spontanée. Ainsi, pour Aristote, la génération spontanée marque tout simplement la limite de son savoir.

Quoi qu'il en soit, il a failli sur ce point, lui dont la sagacité a été admirable sur tant d'autres. Il a parfaitement décrit, sous le nom de quadrupèdes vivipares, les animaux si bien nommés aujourd'hui mammifères; il a reconnu que les cétacés sont des animaux vivipares, qu'ils sont pourvus de mamelles, qu'ils ont des poumons et non des branchies, des poils et non des écailles. Il a aussi très-bien connu le mode de génération ovipare. Il a vu que la vipère, qui présente les apparences de la viviparité, n'est en réalité qu'un ovipare. Je crois me rappeler les termes dont il se sert à ce sujet : « La vipère produit intérieurement un œuf, et extérieurement un petit vivant. » Il est impossible de mieux exprimer le caractère de ce que nous appelons *ovo-viviparité*.

On me dira que tous les animaux sont *ovipares*. Oui, sans doute, et c'est ce que nous savons aujourd'hui : *omne vivum ex ovo*, comme a dit Harvey, et si bien dit. Mais, dans le sujet qui nous occupe, la découverte de l'œuf des mammifères est celle qui a été faite la dernière. C'est une de ces choses d'anatomie fine et délicate qu'on ne pouvait savoir au temps d'Aristote. Je reprends :

Aristote sait que tous les oiseaux sont ovipares, les poissons de même. Parmi les poissons, les sélaciens ont exercé sa pénétration : il voit que, comme la vipère, les sélaciens ne sont que de faux vivipares.

Enfin il arrive aux insectes. C'est alors seulement que le fil de sa méthode se rompt, et qu'il a recours à la *génération spontanée*. Il reconnaît pourtant que certains insectes, tels que les araignées, les sauterelles, les criquets, les cigales, les scorpions naissent d'un œuf et viennent de parents de même espèce. C'est qu'il avait étudié la génération de ces insectes. Pour les autres, l'observation lui manque, et, par conséquent, la vérité aussi.

Et cependant nul n'a connu, mieux que lui, du moins pour son temps, les métamorphoses des insectes. Il sait que le papillon a été chrysalide, et, avant d'être chrysalide, chenille ou ver. Mais d'où vient le ver? Des feuilles vertes et particulièrement des feuilles du chou, dit-il. Ici la cause de déception est patente : nous voyons un nombre prodigieux de chenilles naître et se développer sur la feuille du chou. Si Aristote ne s'était pas arrêté là, s'il avait porté son observation plus loin, il serait arrivé à la ponte de l'œuf par le papillon et ne serait pas tombé dans l'erreur.

Dès qu'on a fait un pas dans l'erreur, il est difficile de n'y en pas faire un autre. D'ailleurs, quel homme aurait été capable alors de redresser

Aristote, si supérieur à tous ses contemporains?
Il crut que les poux venaient de la chair, les
puces des ordures, les mouches de la viande corrompue, etc.

L'erreur de la génération spontanée s'est
propagée jusqu'à nous. Un illustre physiologiste d'Allemagne, M. Burdach, l'admet encore
pour les poissons. Des poissons paraissent tout
à coup dans les étangs qui, après avoir été
longtemps désséchés, se remplissent d'eau. Cette
apparition subite frappe l'imagination. Une observation attentive aurait démontré que des
milliers d'œufs, déjà fécondés, s'étaient conservés dans la vase, et n'attendaient, pour éclore,
qu'une circonstance favorable. L'eau, revenue
dans l'étang, a favorisé l'éclosion des œufs;
voilà tout le mystère.

De la part d'un savant aussi considérable que
M. Burdach [1], une pareille idée étonne : *Quandoque
bonus dormitat Homerus*. Mais voici que le même
physiologiste, qui admet la génération spontanée pour les poissons, la repousse quand il
s'agit des crapauds trouvés, dit-on, dans l'inté-

1. *Traité de physiologie considérée comme science d'observation*, traduit de l'allemand par A.-J.-L. Jourdan. Paris,
1837, tome I, page 45.

rieur des pierres, ou dans des creux d'arbres. Et, cette fois, il a bien raison. D'ailleurs, rien n'est moins prouvé que ces faits-là; mais comment, après avoir admis la *génération spontanée* pour le *poisson*, peut-on être reçu à la nier pour le *crapaud* ou pour la *grenouille?* Si l'on admet la génération spontanée pour le poisson, pour le polype, pour une seule espèce animale, et pour une quelconque, je défie qu'on me donne une raison philosophique de ne pas l'admettre pour toutes les espèces.

Vers le milieu du xviie siècle, l'erreur des générations spontanées parut céder un moment devant les belles expériences de Redi.

On disait que la viande corrompue, que le fromage *engendraient* des vers. Redi mit de la viande fraîche dans des vases couverts d'une gaze qui donnait passage à l'air : sans cette précaution, on n'aurait pas manqué d'objecter que, dans un vase où l'air ne pénétrait pas, les vers n'avaient pu naître. La viande se corrompit et ne produisit pas de vers. Même expérience pour le fromage, même résultat négatif. Les expériences prirent un dernier caractère de démonstration quand on vit les mouches, attirées par la putréfaction des viandes, venir déposer leurs œufs sur la gaze.

A peu près à la même époque, Vallisnieri trouvait, jusque dans les vers intestinaux, les organes de la génération et des œufs. Ainsi, ces animaux avaient en eux tous les moyens de se reproduire.

Aujourd'hui, la génération spontanée est encore supposée, mais seulement pour les espèces les plus inférieures, pour les infusoires. Les mêmes physiologistes qui admettent la mutabilité des espèces admettent la génération spontanée. Certains esprits sont sympathiques à toutes les erreurs.

Je le demande encore : quelle raison, j'entends quelle raison valable, de rejeter la génération spontanée dans les animaux supérieurs, si on l'admet pour les infusoires, pour les vers intestinaux, pour les polypes? La difficulté, l'impossibilité est la même : il s'agit toujours d'êtres organisés. Le polype n'a-t-il pas une organisation propre, des tentacules pour saisir sa proie, un estomac pour la digérer? N'a-t-il pas jusqu'à un instinct?

Des observations récentes ont complété celles de Vallisnieri; M. Van Beneden, professeur à l'Université de Louvain, devait porter le dernier coup à la génération spontanée[1]. Dans un mémoire fort remarquable, et couronné par l'Institut, il étudie l'anatomie, les fonctions, le mode de génération des trématodes et des cestoïdes, groupes de vers intestinaux. Il décrit avec précision leurs organes génitaux, et, chose remarquable, la complication de ces organes est portée très-loin.

M. Van Beneden a surpris, dans les vers intestinaux, un autre fait non moins curieux. Certains d'entre eux subissent des métamorphoses très-nombreuses et complètes, métamorphoses qui se compliquent de migrations, et des migrations les plus singulières. Un helminthe commence son développement dans une espèce et le finit dans une autre. Il la commence dans un herbivore et la finit dans un carnivore. Le *cysticerque* du lapin (*cysticercus pisiformis*) devient le *tænia* du chien (*tænia serrata*). Jusque-là, on avait pris le *cysticerque* du lapin pour un animal distinct, complet, propre au lapin; point du tout, ce n'est qu'une *larve*, et c'est la *larve* du *tænia*, lequel, de son côté,

----

1. Je le croyais alors (1854). La question des *générations spontanées* vient d'être reprise avec une nouvelle ardeur, mais aussi combattue avec un savoir nouveau.

passait aussi pour un animal distinct, complet et propre au chien. Un cycle semblable
de métamorphoses se retrouve dans l'histoire
de la plupart des helminthes.

ONZIÈME LEÇON

Hypothèse de la préexistence des germes, imaginée par Leibnitz; adoptée par Haller, Bonnet, Cuvier; contredite par mes expériences sur les métis.

J'ai fait l'historique de la génération spontanée.

Quoi de plus absurde que d'imaginer qu'un corps *organisé,* dont toutes les parties ont entre elles une connexion, une corrélation si admirablement calculée, si *savante,* puisse être produit par un assemblage aveugle d'éléments physiques? Ce corps organisé aurait puisé sa vie dans des éléments qui en sont dépourvus! On fait venir le mouvement de l'inertie, la sensibilité de l'insensibilité, la vie de la mort!

De toutes les erreurs sur la formation des êtres, la plus absurde, c'est-à-dire la génération spontanée, est aussi celle qui a été la plus vivace. Quand je commençai l'enseignement de la physiologie comparée, au Muséum, je trouvai dans la science ces deux hypothèses : la mutabilité des espèces et la génération spontanée. Je me suis constamment appliqué, dès lors, à les combattre. Elles n'en subsistent pas moins, me dira quelqu'un; elles subsistaient bien autrement, avant d'avoir été combattues.

Si je voulais suivre l'ordre chronologique des hypothèses sur la formation des êtres, ce serait le moment de parler ici de celle d'Hippocrate : le mélange des liqueurs des deux sexes. Mais c'est un système qui appartient aux physiologistes. Épuisons, d'abord, les hypothèses des philosophes.

De l'antiquité aux temps modernes, la question n'avait pas fait un seul pas. Convaincu de la radicale impuissance de l'esprit humain touchant la *formation des êtres,* Leibnitz imagina un système d'après lequel les êtres *ne se formaient pas :* ils étaient formés, tous et tout d'une pièce, depuis le commencement des choses.

Un être vivant, se dit Leibnitz, ne peut être formé que par un *miracle.* Il y aurait donc *miracle* à chaque naissance. Il est bien plus simple de réduire tous les *miracles* à un, et, puisqu'il faut se résigner au *prodige*, d'en admettre un complet, et de l'admettre une fois pour toutes. L'Ouvrier suprême, en formant le premier individu de chaque espèce, aura mis en lui les germes de tous les individus qui devaient en provenir, de toutes les générations futures. Ainsi, le premier homme a contenu les germes de son fils, du fils de son fils, et ainsi de suite jusqu'à la consommation des siècles. Étant tous contenus dans le premier individu, ces germes s'y trouvaient nécessairement enveloppés, *emboîtés* les uns dans les autres; le premier germe enveloppait immédiatement le second et médiatement tous les autres.

De là les noms de *préexistence*, d'*évolution*, d'*emboîtement* des germes, que l'on a donnés à l'hypothèse de Leibnitz.

Le moment de l'apparition du germe n'est pas, pour Leibnitz, celui de sa formation. Le germe était *tout formé*. Seulement, il était resté dans un état passif, faute des conditions extérieures nécessaires à son développement. Un grain de blé, placé dans un lieu sec et froid, nous offre un exemple de cet état d'engourdissement et d'inertie : ce n'est que quand on l'expose à un certain degré d'humidité et de chaleur réunies, qu'il se développe, qu'il végète.

Tous ces germes sont si petits, que nos sens ne peuvent les apercevoir.

On objectait à Leibnitz cette effroyable petitesse. Si le germe *prochain* est si petit qu'il n'est pas visible, que doivent être les plus éloignés, les derniers?

Leibnitz répondait, sans se déconcerter, que la petitesse n'y faisait rien; l'idée de petitesse et l'idée de grandeur ne sont, disait-il, que des termes relatifs. Une montagne, grande pour nous, est petite par rapport au globe terrestre; mais qu'est-ce que la terre comparée au soleil? Celui-ci n'est, à son tour, qu'un point dans l'univers; et au delà même de cet univers il y a d'autres univers, d'autres espaces dont notre pensée ne pourra jamais saisir les limites. Nous n'avons donc pas l'idée de la grandeur absolue; nous n'avons pas davantage celle de la petitesse absolue. Divisez la matière tant que vous le voudrez; ce qui aura été divisé sera encore divisible par la pensée, et divisible à l'infini[1].

---

1. « L'imagination se lassera plutôt de concevoir que la nature de fournir », a dit Pascal dans cette belle page où

Je viens d'exposer le système de Leibnitz, système célèbre, et qui a subjugué beaucoup d'esprits, et de très-excellents esprits.

Comment Leibnitz y fut-il conduit? J'entends par quelle cause extérieure et occasionnelle son imagination tourna-t-elle de ce côté-là?

Jusqu'à Swammerdam on avait cru que le ver, la chenille, *se transformait tout à coup* en chrysalide et celle-ci tout à coup en papillon : papillon, chrysalide, chenille étaient considérés comme autant d'êtres *nouveaux*, distincts, ayant chacun son existence à part, sa vie propre. Swammerdam démontra que le papillon est contenu tout entier dans la chrysalide. En dépouillant celle-ci avec soin, il dégagea les ailes, les antennes et successivement toutes les parties du papillon. De même, il démontra que toutes les parties de la chrysalide étaient contenues dans la chenille.

Pour arriver à ces beaux résultats, Swammerdam n'avait fait que *désenvelopper*, que *désemboîter* les différentes parties de la chrysalide et de la chenille.

Ces expériences physiologiques frappèrent

il considère l'homme entre l'infini de grandeur et l'infini de petitesse.

Leibnitz, qui, voyant la chenille contenue dans la chrysalide et la chrysalide dans le papillon, en déduisit successivement l'emboîtement, l'*enveloppement* infini des germes.

Mais, remarquons-le bien, les faits que Leibnitz suppose n'ont aucune analogie avec les faits que Swammerdam démontre. Le papillon, la chrysalide et la chenille sont le même individu, dans différents états d'évolution. Ce n'est pas un être qui préexiste dans un autre : le papillon, la chrysalide, la chenille, tout cela n'est que le même individu, le même être, le même germe. Or, Leibnitz, dans son système d'évolution, passe d'un germe à un autre, d'un individu à un autre, d'une génération à une autre. Entre ces deux données, il y a un hiatus profond, un abîme.

Charles Bonnet fut le premier qui, dans ses *Considérations sur les corps organisés*, appliqua de toutes pièces à l'histoire naturelle l'hypothèse philosophique de la préexistence des germes. Placé à Genève et écrivant dans notre langue, il a été longtemps un intermédiaire, et un intermédiaire singulièrement utile, entre les idées allemandes et les idées françaises.

Le système de Leibnitz devait faire une conquête bien plus importante encore, celle d'Haller. Ce grand physiologiste avait commencé par adopter les idées d'Harvey, le fondateur du système de l'*épigénèse*, c'est-à-dire de la formation de l'être parties par parties. Il entreprit plus tard une série d'études sur le développement du poulet dans l'œuf. Là il vit le poulet se développer dans l'œuf, tenir [1] à l'œuf; celui-ci tenir à la mère et être produit par la mère indépendamment du concours du mâle. Donc, l'être préexiste à la fécondation dans la femelle. Notez que c'est dans le mâle que Leibnitz plaçait la préexistence des germes [2].

On disait à Haller : Mais à quoi donc sert le concours du mâle? Il répondait que la liqueur prolifique n'avait d'autre effet que d'éveiller le germe endormi dans le corps de la femelle; la liqueur prolifique, par rapport à la gestation, jouait un rôle analogue à celui de la température dans le phénomène de l'incubation.

La doctrine de la préexistence devait encore gagner Cuvier. Ce qui surtout déterminait Cuvier, c'était la grande pensée de l'être *conçu*

---

1. C'est là l'erreur d'Haller. Le poulet ne tient pas à l'œuf. Ce point sera expliqué plus tard.

2. Voyez la leçon suivante.

d'ensemble. Ce qu'il ne pouvait admettre, c'était la *formation* des êtres parties par parties, fragments par fragments.

J'avoue que, pendant longtemps, j'ai été moi-même très-porté à adopter la théorie de la *pré-existence*. Mes expériences sur le croisement des espèces me semblent prouver qu'elle n'est pas fondée.

J'unis un chacal et une chienne. Il résulte de cette union un être moitié chacal et moitié chien. Cet être, que l'on suppose préexistant, qui aurait dû être tout à fait *chien* suivant Haller, tout à fait *chacal* suivant Leibnitz, le voilà *mixte*, *mi-parti*, composé de deux *moitiés*, d'une moitié *chacal* et d'une moitié *chien*.

Je prends ce métis et je l'unis avec une chienne; cette fois le produit ne représente plus qu'un quart de chacal. J'unis encore ce métis (quart de chacal) avec une chienne; le produit ne repré-sente plus qu'un huitième de chacal[1]. Enfin,

---

1. Aux Colonies, le langage rend fidèlement un pareil ordre de faits, considéré dans le croisement des races humaines. Le produit du mulâtre (moitié *blanc* et moitié *noir*) avec une *blanche* ou une *négresse* est un *quarteron* : il n'a qu'un quart de *nègre*, si l'union s'est faite avec une *blanche*, et qu'un quart de *blanc*, si l'union s'est faite avec une *négresse*. Le produit du *quarteron*, soit avec une *blanche*, soit avec

j'unis ce métis (huitième de chacal) avec une chienne. Le produit n'a presque plus rien du chacal : c'est un chien.

Remarquez qu'il dépend de moi d'obtenir un chacal au lieu d'un chien : il me suffit pour cela d'employer, dans la série des croisements, la femelle du chacal, au lieu de celle du chien.

Par conséquent, j'ai pu, par mes expériences, changer le prétendu *germe préexistant*.

Il ne me semble pas possible que l'hypothèse de la préexistence des germes résiste à de pareils faits.

une *négresse*, est un *octavon ;* il n'a qu'un huitième de *nègre*, si l'union s'est faite avec une *blanche*, et qu'un huitième de *blanc*, si l'union s'est faite avec une *négresse*.

DOUZIÈME LEÇON

Conséquences à tirer de mes expériences sur les métis : 1° le
germe ne préexiste pas; 2° la formation est instantanée,
simultanée; 3° le mâle est pour autant que la femelle dans
la production du nouvel être. — Animalcules spermatiques;
idées fausses auxquelles a donné lieu leur découverte.

Mes expériences sur les *métis* nous ont donné
plusieurs faits, et très-importants. Il s'agit
maintenant de méditer sur ces faits, de les bien
comprendre.

J'ai uni un chacal et une chienne. Je dis à ceux
qui placent les germes *emboîtés* dans la femelle :
si les germes préexistent dans l'ovaire de la
chienne, tous ces germes doivent être *chiens*.
D'où vient donc que le produit que j'obtiens im-

médiatement est moitié chien et moitié chacal?
Je continue, je prends ce métis (un métis femelle)
et je l'unis au chacal : le produit n'a plus du
caractère du chien que le quart, il appartient
pour les trois autres quarts au chacal. Poursui-
vant mon expérience, je finis par obtenir un individu tout à fait chacal. Ainsi, avec un germe
qui, primitivement, était *chien*, j'ai obtenu finalement un individu qui est *chacal*.

Pour ceux qui prétendent que les germes rési-
dent dans le mâle, je renverse l'expérience : à
chacun des métis mâles je donne successivement
une chienne, et avec un germe *chacal* je finis par
obtenir un individu *chien*.

Cette double expérience rend, ce me semble,
évidente la non-préexistence des germes. S'ils
avaient préexisté, aurait-il dépendu de moi de
les modifier, et, finalement, de les changer? Elle
démontre encore ceci : que la formation du
nouvel être est *instantanée*. C'est au moment de
l'union qu'elle a eu lieu : avant l'union il dépen-
dait de moi d'avoir un chacal ou un chien.
J'ajoute : la formation est *simultanée, complète*.
Le mâle n'y a concouru qu'une fois, et dans un
seul moment. Après l'union, l'animal qui doit
en provenir est tout ce qu'il doit être; il ne

dépend plus de moi d'avoir, soit un chacal, soit un chien.

Je déduis de mes expériences cette autre proposition : *Le mâle est pour autant que la femelle dans la production du nouvel être.*

Voyons, en effet, ce qui se passe : le chacal et la chienne ont produit un être moitié chacal et moitié chien. J'unis ce métis, femelle, avec un chacal : dans cette union, le chacal donne moitié, le métis également moitié, c'est-à-dire un quart de chacal et un quart de chien. Ce métis de seconde génération, femelle, qui se trouve être pour les trois quarts chacal et pour un quart chien, je l'unis avec un chacal; le produit qui naîtra d'eux recevra du père la moitié de son caractère de chacal, et de la mère la moitié de ses caractères, c'est-à-dire un huitième de chien et trois huitièmes de chacal. Le produit de troisième génération sera donc chien pour un huitième et chacal pour les sept autres huitièmes. Ainsi, la proportion se maintient toujours égale entre le père et la mère.

En résumé, je me crois fondé à tirer de mes expériences ces trois principales propositions : 1° le germe ne préexiste pas; 2° la formation du nouvel être est instantanée, simultanée; 3° le

mâle et la femelle concourent, dans la génération, chacun pour égale part, chacun pour
moitié.

Nous avons vu comment Haller fut amené à
placer les germes dans la femelle. Leibnitz les
plaçait dans le mâle. Les expériences physiologiques de Swammerdam lui avaient donné l'idée
de la préexistence des germes ; ce fut une autre
découverte physiologique qui lui fit attribuer les
germes au mâle.

Vers le milieu du XVIIe siècle, en Hollande, un
jeune homme très-curieux des secrets de la nature, Hartsoëker, avait construit un microscope ;
il eut l'idée d'examiner avec cet instrument la
liqueur spermatique ; il y aperçut les animalcules. Stupéfait de sa découverte, il la confia à
quelques amis seulement. Un autre observateur,
le fameux Leeuwenhoeck qui, de son côté, s'était
livré à des investigations sur la même liqueur,
avait aussi vu s'agiter sous le microscope les
animalcules spermatiques. Il publia sa découverte. Hartsoëker qui, jusqu'alors, avait gardé
le silence, revendiqua bruyamment la découverte comme sienne ; il prétendit que c'était
à lui que revenait la gloire d'avoir trouvé le
têtard, la *larve* de l'homme. Ces nouvelles arri-

vèrent à Leibnitz, qui se dit aussitôt : Voilà mes germes trouvés. C'est dans le mâle qu'ils préexistent.

L'idée fit fortune et devint populaire. Ce fut une sorte d'engouement. En 1704, un savant français, Étienne-François Geoffroy [1], fit une thèse latine sur cette question : *Si l'homme a commencé par être ver.* Il concluait pour l'affirmative. Le ver, c'était, bien entendu, l'animalcule spermatique. La thèse eut un grand succès, à ce point qu'il fallut la traduire en français *pour satisfaire les dames,* dit Fontenelle. Le traducteur ne fut autre que le doyen même de la Faculté de médecine, Nicolas Andry. Qu'on juge si les idées de Geoffroy devaient être sympathiques à celles du traducteur : Andry voyait des vers partout et dans toutes les maladies. On l'avait surnommé plaisamment *homo vermiculosus.*

Tout cela était pris au sérieux par les faiseurs de systèmes et par le public. Vint un homme de bon sens, Plantade, de Montpellier, qui, pour ouvrir les yeux de ses contemporains, s'avisa d'une singulière plaisanterie. De son nom, Plan-

---

1.. Voyez l'*Éloge de Geoffroy* par Fontenelle.

tade, il fit d'abord un nom latin, *Plantadeius;* ne le trouvant pas encore assez respectable comme cela, il imagina de le tourner en anagramme et en fit *Dalenpatius.* Ainsi protégé par ce nom savant, il publia une brochure dans laquelle il disait avoir vu l'animalcule spermatique se transformer : le ver prenait peu à peu une tête, des bras, des jambes; puis sa queue disparaissait; le ver arrivait enfin à la forme humaine.

Ce qu'il y a de curieux, c'est que les naturalistes prirent la plaisanterie au sérieux. Et Buffon lui-même comme les autres; il trouve seulement que Dalenpatius va trop loin : « *il a cru voir ce qu'il dit, mais il s'est trompé.*[1] »

Plantade s'était moqué en vain. De nos jours encore on dit, on enseigne que l'être humain n'est autre chose que le *spermatozoïde* qui va se loger dans l'ovule de la femelle et s'y développe. Pour toute réponse à cette hypothèse, je me contenterai de répéter que je suis le maître, au moyen des expériences que je viens de vous exposer, expériences péremptoires, si je ne m'abuse, de modifier et même de changer

____

1. Tome I, p. 506.

l'*animalcule* de Leeuwenhoeck, d'Hartsoëker,
le *spermatozoïde* des physiologistes actuels,
comme je change le prétendu *germe préexistant*
de Leibnitz.

TREIZIÈME LEÇON

Hypothèse des molécules organiques, imaginée
par Buffon.

Mes expériences sur les métis prouvent : 1° la
non-préexistence des germes; 2° l'instantanéité,
la simultanéité de formation du nouvel être;
3° la part égale du mâle et de la femelle dans
cette formation.

J'ose dire que cette suite d'expériences est une
suite de preuves; et, à ce sujet, je ne saurais
trop appeler votre attention sur la puissance de
la méthode expérimentale. Elle découvre à l'esprit ce que nos sens ne peuvent voir; elle nous
fait pénétrer dans les plus profonds mystères de
la nature. Il est vrai que nous pouvons étendre
la portée de nos sens : par exemple, la portée

du sens de la vue, au moyen du microscope, instrument qui, je le confesse, nous a rendu, et nous rend chaque jour, de bien grands services; mais la méthode expérimentale, qui est à notre esprit ce que le microscope est à nos yeux, la méthode expérimentale, véritable instrument intellectuel, nous fait voir par delà les sens, bien au delà des sens. Avec elle, nous ne nous arrêtons qu'aux limites mêmes où s'arrête l'intelligence humaine.

Il me reste à faire l'historique de trois fameux systèmes sur la formation des êtres : 1° le système de Buffon; 2° celui d'Hippocrate; 3° celui d'Harvey.

Comme celui de Buffon est encore un système philosophique, je l'examinerai d'abord, pour suivre l'ordre que j'ai indiqué. Dans ma prochaine leçon, j'exposerai ceux d'Hippocrate et d'Harvey, qui sont des systèmes physiologiques; et, après cela, nous en aurons fini avec les systèmes.

Celui de Buffon est connu sous le nom de *système des molécules organiques.*

Lorsqu'en 1739 Buffon fut appelé à l'Intendance du Jardin du roi, il n'était pas naturaliste. Il n'était connu que par des travaux de

physique et d'économie rurale, et par la traduction de deux beaux ouvrages : la *Statique
des végétaux* de Hales, et le *Traité des fluxions* de
Newton.

Buffon, qui avait conscience de son génie, ne
doutait pas qu'il ne fût un jour illustre, mais il
n'avait pas encore choisi le genre d'études qui
devait l'illustrer. L'emploi qui lui était confié
décida de son choix : il se voua à l'histoire naturelle. Admirons ici la patience d'un génie sûr de
lui-même : maître de ces riches collections du
Jardin des Plantes, Buffon va-t-il se presser de
produire quelques-uns de ces mille petits travaux qu'il lui eût été si facile de rendre brillants?
Non, il se condamne, pendant dix ans, au travail, à la méditation. Il se donne des collabora-
teurs intelligents et laborieux, entre autres Daubenton. Lui - même travaille prodigieusement.
Enfin, en 1749, il produit trois volumes; son
génie éclate et ses contemporains reconnaissent
en lui le plus grand naturaliste qui ait encore
paru.

Le premier regard de Buffon fut pour le globe
tout entier. « Ceci est la nature en grand, » s'é-
crie-t-il. Il se demande comment le globe s'est
formé; il réunit tout ce qu'on savait de géologie

à son époque, étudie, médite et présente le résumé de ses observations dans son premier discours, qu'il intitule : *Théorie de la terre*. Comme les auteurs que Buffon avait sous la main, principalement Woodward, qui lui sert ici de guide, n'avaient vu que la superficie de la terre, laquelle est couverte partout de coquilles fossiles, il rapporte uniquement, dans ce premier discours, à l'action des eaux la formation du globe.

Le second regard de Buffon embrassa les planètes. Cette fois, il se laisse inspirer par les idées de Leibnitz, le premier qui ait su remarquer les traces d'incandescence que présente la terre. Buffon produit son système sur la formation des planètes; il les considère comme des fragments d'abord enflammés et détachés du soleil par le choc d'une comète.

Le troisième regard de Buffon fut pour la vie : il se demande comment la vie s'est formée.

Tels sont, dans leur succession, les premiers travaux de Buffon. Je ne dois m'occuper aujourd'hui que du troisième de ces points de vue : la formation de la vie.

J'ai examiné le système de Leibnitz. C'était déjà une grande simplification. Dieu a renfermé dans le premier individu de chaque espèce toute la suite des êtres qui en devaient naître.

Toutefois Leibnitz suppose encore autant de créations individuelles distinctes qu'il y a d'espèces diverses. Buffon va plus loin : il imagine qu'à un moment donné, et une fois pour toutes, Dieu a répandu sur le globe la vie commune et destinée à tous les êtres vivants, animaux et végétaux.

Buffon fait consister cette vie, première et commune, en une infinité de germes, de particules, de molécules organiques, qui, par leur agrégation, forment les individus. Ces particules, douées de vie, sont *indestructibles, incorruptibles* et *reversibles*.

Cuvier faisait cette objection à l'indestructibilité prétendue des molécules organiques. D'un côté, le globe a d'abord été incandescent, c'est l'idée même de Buffon ; nous savons, d'un autre côté, que tout ce qui est organique se compose de plusieurs éléments distincts ; le feu du globe aura donc décomposé, désagrégé ces éléments, oxygène, azote, etc. : partant, plus de vie.

On dirait que Buffon avait prévu l'objection ; car il imagine ses molécules *simples* et par conséquent *indécomposables ;* et il ne lui en coûtait pas davantage de les imaginer ainsi.

Mais, comment ces molécules éparses, répandues partout, arriveront-elles à former un individu total? C'est pour ceci que Buffon invente
les *moules intérieurs :* expressions contradic-
toires; un moule est toujours extérieur.

Quoi qu'il en soit, suivons Buffon : les molécules vivantes servent d'abord à la nutrition de
l'animal ou du végétal; pour cela, elles pénètrent
dans les diverses parties du corps, et chacune
y prend exactement la forme de la partie qui la
reçoit. Les parties du corps sont les *moules intérieurs* des molécules organiques.

Voilà pour le développement, pour l'accroissement de l'être. Mais sa formation, comment se
fait-elle? Le voici : les molécules introduites ne
sont pas toutes employées à la nutrition ; il y en
a de surabondantes, de superflues; il y en a
de telles surtout lorsque le corps a pris la plus
grande partie de son accroissement. Ces molécules surabondantes sont renvoyées de toutes
les parties du corps, où elles étaient inutiles,
dans certains réservoirs, qui sont les *réservoirs
séminaux;* et une fois rendues là, comme elles
sont absolument semblables à chacune des parties d'où elles viennent, puisqu'elles s'y étaient
moulées, elles se rassemblent et forment un petit

corps semblable au premier. « C'est ainsi, dit
Buffon , que se fait la production dans toutes les
espèces, comme les arbres, les plantes, les polypes, les pucerons, etc., où l'individu tout seul
reproduit son semblable, et c'est aussi le premier moyen que la nature emploie pour la reproduction des animaux qui ont besoin de la
communication d'un autre individu pour se reproduire; car les matières séminales des deux
sexes contiennent toutes les molécules nécessaires à la reproduction; mais il faut quelque
chose de plus pour que cette reproduction se
fasse en effet : c'est le mélange de ces deux
liqueurs dans un lieu convenable au développement de ce qui doit en résulter, et ce lieu est la
matrice de la femelle[1]. »

Buffon pousse intrépidement son système jusqu'au bout. Outre les molécules employées à la
nutrition et à l'accroissement, outre celles qui
servent à la reproduction de l'être, il en reste
encore de disponibles, de libres, dans le corps
de l'animal ou du végétal : alors, *ces molécules
qui n'ont pas trouvé leur moule,* comme disait
spirituellement Voltaire, ces molécules, *toujours*

1. Tome I, p. 658.

actives, comme dit Buffon, forment des êtres vivants, particuliers, nouveaux, tels que les vers intestinaux, les champignons, les anguilles de la farine, celles du vinaigre, etc. Comme on voit, Buffon tombe d'hypothèse en hypothèse, (et c'est bien le cas de le dire ici, *de chute en chute*,) jusque dans l'hypothèse de la génération spontanée.

Tel est le système des *molécules organiques*.

Buffon est, après Descartes, l'homme du monde qui s'entendait le mieux à faire un système; mais à quoi sert un système?

QUATORZIÈME LEÇON

Hippocrate et le mélange des deux liqueurs. — Harvey et
l'épigénèse. — Ma théorie : la vie ne se forme pas, elle se
continue. — Force de reproduction inhérente à l'économie
animale. — Expériences de Trembley. — Bonnet et l'hypothèse des germes accumulés.

J'ai exposé les hypothèses philosophiques sur
la formation des êtres : il me reste à parler des
hypothèses physiologiques. Il en est deux principales, celle d'Hippocrate et celle d'Harvey. Je
laisse de côté, bien entendu, tous les systèmes
accessoires qui ont été proposés; ils ne méritent
pas même d'être rappelés.

Je commence par l'hypothèse d'Hippocrate.
J'ai dit *hypothèse :* ce n'est peut-être pas le terme
que j'aurais dû employer. Voici la vue d'Hippocrate : *Le nouvel être est le résultat du mélange des*

liqueurs des deux sexes. C'est là l'expression naturelle et simple du premier fait qui frappe : la conformité de structure qui se trouve entre le nouvel être et ses père et mère. Seulement, Hippocrate croyait, à tort, que la femelle produisait, comme le mâle, une liqueur fécondante. La femelle produit des *œufs*, et ne produit que des *œufs*[1]. Redressons l'erreur de détail, en conservant l'idée principale, et au mot *liqueur* substituons, pour un moment, le terme abstrait *action;* nous ne trouverons plus rien à reprendre dans la vue d'Hippocrate : *Le nouvel être est le résultat des actions combinées du mâle et de la femelle.*

Hippocrate exprime sous une forme empirique ce que nous connaissons aujourd'hui d'une manière rationnelle, ce que mes expériences sur les métis ont démontré, savoir : que le mâle et la femelle concourent, chacun pour une part égale, à la génération.

Je viens à l'hypothèse d'Harvey, l'immortel auteur de la découverte de la circulation du sang[2].

Harvey avait fait ses premières études à Pa-

1. La production des *œufs* sera expliquée plus tard.
2. Voyez mon *Histoire de la découverte de la circulation du sang.* Paris, 1857 (seconde édition).

10.

douc, et il y avait eu pour maître Fabrice d'Acquapendente.

Fabrice avait découvert, en 1574, les valvules des
veines ; mais l'usage de ces valvules lui échappait.
C'est Harvey qui voit que les valvules s'ouvrent
ou s'abaissent pour laisser passer le sang dans
un sens, et se ferment ou se redressent pour
l'empêcher de passer dans le sens opposé. Les
valvules ne favorisent, ne permettent qu'un courant, celui qui porte le sang des parties au cœur.

La découverte des valvules faite par Fabrice
devient, entre les mains d'Harvey, la preuve anatomique de la circulation du sang.

D'un autre côté, ce même Fabrice s'occupait
alors de l'étude du développement du poulet
dans l'œuf et de la formation du fœtus ; il com-
muniquait à son auditoire les résultats de ses
recherches. Harvey tira de cet enseignement ses
premières idées sur la formation, sur la génération des êtres, idées qu'il exposa plus tard dans
son livre : *Exercitationes de generatione animalium* [1].

---

1. Le livre sur la circulation (*Exercitationes duæ anatomicæ de circulatione sanguinis*) est de 1649, et celui sur la
génération, de 1651.

C'est Harvey qui est arrivé à la plus belle généralisation que nous ayons sur le sujet qui nous occupe : « Tout être vivant vient d'un œuf, dit-il. — *Omne vivum ex ovo.* » Axiome célèbre et absolument vrai, car il s'applique aux végétaux comme aux animaux : la graine est l'*œuf* des végétaux.

Mais ce grand physiologiste se trompa en ce qu'il crut que l'œuf des vivipares se formait dans la matrice. Nous savons tous aujourd'hui qu'il se forme dans l'ovaire. J'appelle votre attention sur cette erreur d'Harvey, parce qu'elle a été le point de départ de son hypothèse.

Harvey ne se borne pas à croire que l'œuf se forme *dans* la matrice; il imagine qu'il est formé *par* la matrice. Suivant lui, la matrice est douée d'une force plastique, génératrice, force inhérente à l'organe, mais qui, pour être mise en éveil, a besoin de l'action fécondante du mâle. La matrice *conçoit* le fœtus, comme le cerveau *conçoit* l'idée. Le mot *conception* ne s'applique-t-il pas, dit Harvey, aux deux opérations? De même que l'idée ou l'image est apportée au cerveau par les sens, de même le fœtus, qui est l'idée de la matrice, lui vient de l'action du mâle, et c'est pourquoi l'enfant ressemble au père. La

matrice, ayant conçu le fœtus, se met à le fabri-
quer *pièce par pièce,* comme un architecte, qui a
conçu le plan d'un édifice, en bâtit successivement les différentes parties.

Voilà l'origine de la théorie de l'*épigénèse.*

Les partisans de l'épigénèse veulent que les
organes *se forment,* non d'ensemble, mais parties par parties, par additions successives; et
les adversaires de l'épigénèse prétendent que
cette théorie confond deux choses absolument
distinctes : la *formation* et l'*apparition* des parties.
Si les parties apparaissent successivement, disent-
ils, c'est que, d'invisibles qu'elles étaient d'abord,
elles deviennent peu à peu perceptibles à nos
sens par leur accroissement successif, mais elles
étaient formées.

Nous venons de parcourir beaucoup de systèmes et d'hypothèses, et nous ne sommes guère
plus avancés après qu'avant.

Pour moi, je déplace la question. Comment
s'est formée la vie? Nous ne le saurons jamais.
Pourquoi donc s'obstiner à pénétrer un mystère
qui nous sera éternellement fermé? C'est déjà, ce
me semble, un progrès que d'écarter une question insoluble et de lui en substituer une soluble.

La vie ne commence pas à chaque nouvel individu, elle se continue; elle n'a commencé qu'une fois pour chaque espèce.

Déposée par l'Ouvrier suprême dans le premier couple de chaque espèce, la vie se continue depuis dans tous les individus de cette espèce : c'est une chaine dont tous les anneaux se tiennent. Si un anneau vient à manquer, l'espèce est perdue; elle ne renait plus. Nous trouvons dans la terre les débris des mastodontes, des palæotheriums, espèces dont un cataclysme a rompu la chaîne : cette chaîne ne se reformera pas, ces espèces sont à jamais détruites.

Pour que la vie se continue ainsi par chaînons successifs, il faut nécessairement de deux choses l'une : ou que le Créateur ait accumulé dans le premier être de chaque espèce tous les germes des individus futurs de l'espèce : c'est l'hypothèse de Leibnitz, et nous ne pouvons l'admettre, elle est contraire aux faits; ou que le Créateur ait doué le premier être de la faculté de reproduire indéfiniment son espèce : et c'est évidemment là ce qui est.

Il existe dans l'économie animale une *force de reproduction*. Je ne l'imagine pas, elle est démontrée par les faits.

En 1740, Trembley découvrit le polype d'eau
douce dans un fossé, aux environs de La Haye.
Il ne savait trop s'il voyait un animal ou un végétal. Pour éclaircir ce doute, il coupa le polype
en plusieurs tronçons, et bientôt il vit chaque
tronçon reproduire un nouveau polype. Le polype était donc une plante puisqu'il se reproduisait de boutures. Un examen plus attentif lui fit
voir, dans chaque fragment du polype, redevenu
polype complet, des tentacules avec lesquels il
pouvait saisir une proie, une cavité digestive
daus laquelle il la digérait, etc. Ce n'était donc
pas une plante; c'était un animal, et, chose
merveilleuse, un animal qui avait la faculté
de se reproduire autant de fois qu'on l'avait
coupé.

Charles Bonnet, parent de Trembley, connut
tout de suite sa découverte. Il voulut répéter
ses expériences, mais il ne trouva pas de
polypes. A défaut de polypes, il expérimenta
sur des vers d'eau douce, sur des naïdes, et
obtint les mêmes résultats que Trembley. Ceci
fut un progrès. Le polype est un animal gélatineux, très-simple, presque homogène, tandis
que la naïde a une organisation déjà très-
compliquée; elle possède un système vasculaire,

un système nerveux, des muscles distincts, etc.

La merveille devait encore s'accroître. Spallanzani d'abord et ensuite Bonnet portèrent leurs expériences sur des salamandres; ils leur coupèrent les pattes, la queue. Ces parties se reproduisirent. Broussonnet enleva les nageoires à des poissons : ces nageoires se reformèrent.

Bonnet, qui était à la fois observateur et philosophe, médita sur ces faits et imagina un système : de même que l'être total a son germe, chaque partie du corps, disait-il, a aussi les siens. Il existe donc une infinité de germes de pattes dans la patte d'une salamandre. Je coupe cette patte : aussitôt, l'un des germes que j'ai mis à nu, trouvant la place vacante, donne une nouvelle patte.

C'est là l'hypothèse des *germes réparateurs* ou *accumulés;* vous voyez qu'elle est fille de l'hypothèse des *germes emboîtés*. J'ai détruit celle-ci par mes expériences sur les métis. L'autre s'évanouira de même, à ce que je crois, devant mes expériences sur la formation des os. J'exposerai ces expériences dans ma prochaine leçon.

Bornons-nous à constater ici la *force de reproduction*. J'ai répété les expériences de Trembley, de Spallanzani, de Bonnet : quel est le physiologiste qui ne les a pas répétées? Constamment les parties coupées se reproduisent; il y a donc une force qui les reproduit. Le *fait* prouve la *force*.

On me dit que cette force est obscure. Oui, sans doute, elle est très-obscure. Mais quoi de plus obscur, en soi, que toutes les grandes forces physiologiques, la sensibilité, la motricité, la volonté, l'instinct des animaux, la vie enfin? C'est le caractère des forces *expérimentales,* c'est-à-dire révélées par l'expérience, d'être manifestes par leurs effets et impénétrables dans leur essence.

QUINZIÈME LEÇON

Théorie de la formation des os. — Extirpations sous-
périostées. — Le système des *germes accumulés* réfuté.

Vous connaissez le système de Bonnet sur les
germes accumulés : je vous ai dit que ce système
était contredit par mes expériences sur la formation des os.

Voyons donc ces expériences.

Mais, d'abord, un mot sur celles qui ont
précédé les miennes.

Belchier, chirurgien de Londres, étant à dîner
chez un teinturier en toiles peintes, remarqua
que les os d'un jeune porc étaient rouges. Il fut
curieux de savoir à quoi tenait cette singulière
coloration. On lui répondit que l'animal avait
été nourri avec du son chargé de l'infusion de

garance, employée pour la teinture des toiles peintes.

Belchier fit aussitôt quelques expériences (1736) : il mêla de la racine de garance en poudre aux aliments dont il nourrit un coq. Au bout de seize jours, le coq mourut. *Tous ses os se trouvèrent rouges,* et *les os seuls :* les muscles, les membranes, les cartilages, toutes les autres parties conservaient leur couleur ordinaire.

Duhamel n'eut pas plutôt connaissance de l'expérience de Belchier qu'il la répéta sur des poulets, sur des pigeons, sur des cochons (1739). Il vit constamment la garance rougir les os, et ne rougir que les os.

Duhamel ne s'en tint pas là. Il remit au régime ordinaire un porc dont les os étaient devenus rouges par le régime de la garance; six semaines après il le tua, et, ayant scié ses os, il vit que la couche rouge de l'os se trouvait recouverte par une couche blanche.

Un autre porc, que Duhamel avait alternativement soumis, soustrait et de nouveau remis au régime de la garance, présentait dans ses os des couches alternativement rouges et blanches.

Duhamel tira de ses expériences cette conclusion fondamentale et complétement vraie : *Les os croissent en grosseur par couches successives et superposées.*

Mais ce n'est pas là tout ce qui se passe pendant l'accroissement des os. A mesure que les os s'accroissent par la *suraddition* de couches externes, leur canal médullaire s'accroît par la *résorption* de couches internes. J'ai prouvé cette *résorption,* que personne encore n'avait soupçonnée.

Je soumets un animal à un régime mêlé de garance. La couche d'os, qui se forme pendant ce régime, est rouge. Je suspends le régime de la garance et je rends l'animal au régime ordinaire. Les nouvelles couches qui se forment sont blanches et elles recouvrent la couche rouge; puis cette couche rouge devient tout à fait interne, et les couches blanches qu'elle recouvrait ont disparu; puis elle disparaît à son tour.

Un autre procédé me donne le même résultat : j'entoure d'un fil de platine l'os d'un jeune animal. Au bout de quelque temps, l'anneau de fil de platine, qui d'abord entourait l'os, se trouve entouré par l'os et contenu dans le canal médullaire.

A mesure donc que l'os se recouvre de nouvelles couches par sa face externe, par celle qui répond au périoste externe, il en perd d'autres par sa face interne, par celle qui répond au périoste interne; et c'est dans ce double travail de *suraddition externe* et de *résorption interne* que consiste le mécanisme de l'accroissement des os en grosseur.

Je suis arrivé aussi à démontrer, toujours expérimentalement, que, de même que les os croissent en grosseur par couches qui *se superposent,* ils croissent en longueur par couches qui *se juxtaposent.*

L'os *se forme* donc par couches; *il est résorbé* par couches. Mais quel est l'appareil, quel est l'organe de cette *formation* et de cette *résorption?*

Cet organe, je viens de le dire, est le *périoste*[1].

Duhamel avait dit : « Les os commencent par n'être que du périoste, car je regarde les cartilages comme un périoste fort épais[2]. » Telle a été la première vue (vue admirable) de la formation de l'os par le *périoste.* Mais les expérien-

1. Voyez mon livre intitulé : *Théorie expérimentale de la formation des os.* Paris, 1847.
2. VI° Mémoire sur les os, p. 315. *Mémoires de l'Académie des sciences,* année 1743.

ces de Duhamel furent trop tôt délaissées. On ne sait pas tout ce qu'il faut de persévérance pour faire pénétrer une vérité dans la science. Duhamel était, d'ailleurs, combattu par Haller qui régnait alors dans les écoles. Haller voulait que les os fussent formés par une sorte de *glu*, de *suc gélatineux*, de *lymphe organisable,* comme on a dit plus tard, et comme on disait encore au moment où je commençai mes expériences.

A ce moment-là le rôle du *périoste,* dans la *formation des os,* était tout à fait oublié.

Une circonstance singulière, et qu'il est bon de rappeler, c'est que Troja, qui fit ses belles expériences sur les os en 1775, ne les fit que pour combattre la théorie de Duhamel. Mieux comprises, elles la confirment.

Troja sciait un os long en travers, un os des membres, par exemple ; et puis, portant un stylet dans le canal médullaire de cet os, il en détruisait toute la *membrane médullaire* ou *périoste interne.* Au bout de quelque temps, l'os, dont la membrane médullaire (*périoste interne*) avait été détruite, tombait en nécrose ; et tout autour de cet os nécrosé, le périoste proprement dit, le *périoste externe,* qui n'avait point été blessé, reproduisait un os nouveau.

Dans cette reproduction, voici comment les choses se passent : immédiatement après la destruction de la membrane médullaire, le périoste proprement dit, le *périoste externe*, se gonfle, se tuméfie [1], et l'os meurt ; le périoste, gorgé de sucs, prend bientôt une consistance fibro-gélatineuse et se transforme en os, soit directement, soit en passant par l'état intermédiaire de cartilage. L'ossification est la transformation graduelle du *périoste* en os.

Troja, dans ses expériences, commençait par pratiquer l'amputation d'une portion du membre. Il n'y avait donc qu'une portion d'os qui fût conservée, qui fût soumise à l'expérience, et qui, par conséquent, pût se reproduire. Le reste de l'os et du membre était perdu.

J'ai voulu faire davantage, j'ai voulu conserver l'os entier.

J'ai pratiqué un trou sur le radius d'un bouc ; et puis, portant un stylet, par ce trou, dans le canal médullaire, j'en ai détruit toute la membrane. Le radius, mort tout entier à la suite de cette opération. *a été reproduit tout entier par le périoste.*

---

1. Et c'est ce *périoste tuméfié, gonflé*, que Troja, dans sa prévention contre le *périoste*, prenait pour sa *matière gélatineuse*, pour le *suc gélatineux*, pour la *glu* d'Haller.

Quant à l'os ancien, à *l'os mort*, il est resté enfermé de toute part dans l'os nouveau, dans *l'os reproduit;* et peu à peu il y a été résorbé par la membrane médullaire, ou *périoste interne*, de cet os nouveau.

J'appelle toute votre attention sur ce résultat expérimental, sur cette faculté que possède le périoste de produire et de reproduire l'os. Ici, il ne s'agit plus seulement de la science, il s'agit de l'humanité. Qui ne voit sortir de ceci une chirurgie toute nouvelle touchant le système osseux? Le périoste pouvant reproduire l'os, n'est-il pas évident qu'il faut s'attacher, avant tout, à le conserver? D'ici à peu de temps, les amputations pour maladie d'un os ne se feront plus. On y substituera, de plus en plus, les *extirpations* de *l'os* seul, dégagé de son *périoste*, genre d'*extirpation* que j'appelle *extirpation sous-périostée*.

Feu M. Blandin, dont la perte prématurée laisse tant de regrets à la chirurgie, a vu une *clavicule entière* être reproduite par le *périoste*, habilement conservé [1].

1. Voici l'observation de M. Blandin, telle qu'elle a été recueillie par M. le docteur Philippeaux :

« Un jeune homme de 25 à 30 ans, élève en pharmacie, entra

Il y a plus; il suffira, après les plus énormes fractures, de laisser le périoste en place pour que, l'élimination des fragments broyés et séquestrés

à l'Hôtel-Dieu, dans le service de M. Blandin, pour une plaie fistuleuse de la région antérieure et supérieure de la poitrine, sur le trajet de la clavicule gauche. M. Blandin sonda cette plaie, et il reconnut qu'elle provenait d'une carie de presque toute la moitié interne de l'os. Avant de se décider à faire une opération, il essaya de l'action des émolliens et des pommades fondantes; mais la maladie résista, et le malade, qui maigrissait, voulut en finir avec sa position. M. Blandin se détermina à faire l'extirpation de la partie malade de l'os, espérant voir cette partie se reproduire, comme il l'avait vu dans les expériences physiologiques de M. le professeur Flourens. Il pratiqua une incision sur la face supérieure de la clavicule, depuis la partie moyenne jusqu'à la partie interne ou sternale; il comprit dans cette incision le périoste, qui devait jouer le rôle capital dans la reproduction de l'os. A chaque extrémité de cette incision, il en pratiqua une autre à angle droit, de manière à représenter un T à deux branches; puis il dénuda la clavicule en dehors et en dedans, et passa entre elle et le périoste un instrument fait exprès pour ce genre d'opération, afin de protéger contre la scie le périoste et les parties molles. environnantes. Il put ainsi scier, sans crainte, l'os à sa partie moyenne, le désarticuler à son extrémité sternale, l'extirper en un mot.

« Lorsque M. Blandin eut terminé cette opération avec l'habileté qu'on lui connaît, le malade, homme de courage et de sang-froid, le pria de regarder avec soin la moitié de clavicule qui lui restait, aimant mieux se la voir enlever sur le champ si la carie l'avait déjà attaquée, que d'être forcé de

une fois opérée, ce périoste, conservé, reproduise
et répare tout ce qu'il y aura eu d'os perdu. Je
donne, en note, un modèle de la rare intelligence qui désormais devra présider au traite-
ment, pour que, dans ces cas de délabrements
affreux, le chirurgien puisse favoriser de son
mieux la régénération merveilleuse des os
détruits [1].

subir plus tard une nouvelle opération. M. Blandin reconnut
la nécessité d'extirper l'autre moitié de la clavicule et le fit
avec les mêmes précautions et le même succès. Le malade
guérit en peu de temps et sortit de l'hôpital.

« Il en était sorti depuis huit mois, lorsqu'il revint voir
M. Blandin pour une autre maladie. Tous les élèves purent
examiner cet individu. La clavicule était reformée et presque
parfaite; le bras pouvait exécuter tous les mouvements
presque aussi bien qu'auparavant. (*Gazette médicale* du
14 avril 1847, n° 14.) »

1. Je tire l'observation suivante des *Comptes rendus* de
l'Académie des sciences. T. LI, p. 601.— *Lettre de* M. MOTTET,
médecin à Bayeux (Calvados), adressée à M. Flourens.

« Dans votre Mémoire, lu à la séance du 2 mai 1859, sur
la reproduction complète des os, vous émettez le vœu que les
chirurgiens trouvent bientôt dans vos expériences un ressort
nouveau; c'est pourquoi, dans l'intérêt de la science et de
l'humanité, je me fais un devoir de vous communiquer l'observation suivante :

« Au mois d'avril 1858, je fus appelé pour réduire une
fracture de la jambe chez un homme âgé d'environ 32 ans.
Cet homme, doué d'une bonne constitution, avait eu, vingt-

Je reviens au sujet principal de notre leçon.

L'appareil de *formation* des os est donc le *périoste externe;*

quatre heures auparavant, le membre inférieur droit pris sous un éboulement de pierres. La jambe était fracturée dans sa partie moyenne; les fragments du tibia ava'ent déchiré le muscle jambier antérieur et la peau. Ils faisaient une issue au dehors et étaient dépouillés de leur périoste. Le chevauchement était considérable; la plaie par où sortaient les fragments du tibia s'étendait du milieu de la jambe jusqu'auprès de l'articulation du genou; il y avait une contusion et une inflammation de tout le membre, depuis le pied jusqu'à la fesse. Ces conditions défavorables s'opposaient à ce que je fisse l'amputation; je dus donc me borner provisoirement à pratiquer la réduction de la fracture. Comme on devait bien s'y attendre, la gangrène s'empara des parties les plus contuses : des escarres se formaient sur différents points de la jambe; l'une s'étendait sur la partie externe, depuis le milieu du pied jusqu'au quart inférieur de la jambe; une autre s'étendait du lieu de la fracture, c'est-à-dire de la partie moyenne antérieure et interne jusqu'auprès de l'articulation du genou. Le pronostic était aggravé encore par l'apparition d'un œdème considérable de la cuisse. Une suppuration abondante s'établit au niveau des escarres de la jambe et du pied; ces escarres tombées, les fragments se trouvèrent complétement dénudés dans une longueur de plus d'un décimètre. Je résolus d'attendre la séparation et l'élimination de ces fragments, dans l'espérance qu'il pourrait se faire une régénération de l'os par le périoste resté en place, phénomène que j'avais observé plus d'une fois, mais dans de moins grandes proportions.

« Il serait trop long de décrire ici l'appareil que j'employai,

Et l'appareil de *résorption* est le *périoste interne*.

Ainsi donc l'os, continuellement accru par le périoste externe, est continuellement résorbé

pendant près d'une année, pour maintenir dans l'immobilité les fragments du tibia rapprochés bout à bout, appareil qui me permettait d'ailleurs de panser les plaies deux fois par jour. Ces fragments ainsi maintenus devaient forcer le membre à conserver sa longueur et sa rectitude normales pendant le temps nécessaire au travail de la régénération osseuse.

« Au bout de six mois, la cicatrisation des plaies était faite dans toute leur étendue, si ce n'est à l'endroit de la fracture. A cette époque la jambe aurait pu être amputée au lieu d'élection, mais dans de mauvaises conditions, car il aurait fallu opérer près de l'articulation du genou, sur un tégument régénéré ; et, de plus, il existait encore une fistule près de la tête du péroné, fistule qui ne se guérit que lors de la chute des os.

« Le détachement des fragments se fit du onzième au douzième mois. Au quinzième mois de la blessure, le vide formé par l'élimination des séquestres était presque comblé ; une masse osseuse s'était formée ; elle acquérait tous les jours de la fermeté ; déjà le malade pouvait marcher avec des béquilles et faire exécuter à son membre des mouvements dans tous les sens, sans le voir fléchir. Aujourd'hui, la jambe *a recouvré toute sa solidité et elle a conservé sa longueur et sa rectitude normales.*

« Les fragments extraits du membre m'avaient paru devoir être plus courts qu'ils ne l'ont été en réalité ; ils ont près de 20 centimètres de longueur. A la partie supérieure et par le périoste interne; il y a *mutation conti-nuelle* de toutes les parties qui le composent. La forme reste et la matière change; et c'est ce que Buffon et Cuvier semblent avoir pressenti : « Ce qu'il y a, dit Buffon, de plus constant, de plus inaltérable dans la nature, c'est l'empreinte ou le moule de chaque espèce; ce qu'il y a de plus variable et de plus corruptible, c'est la substance qui les compose [1]. »

« Dans les corps vivants, dit Cuvier, aucune molécule ne reste en place; toutes entrent et

dans une longueur de 5 centimètres, le séquestre n'est constitué que par une lame irrégulière correspondant à la face externe de l'os; dans le reste de sa longueur, c'est-à-dire dans une longueur de près de 15 centimètres, c'est une portion comprenant toute l'épaisseur du tibia. Au niveau du siége de la fracture, on voit très-clairement que le séquestre en ce point comprend, en effet, toute l'épaisseur du tibia; car les faces et les angles de l'os sont conservés dans toute leur intégrité; au-dessous de ce point l'os est érodé à sa surface et plus ou moins irrégulier. Je vous envoie la pièce anatomique et je puis montrer à l'Académie l'homme sur lequel a été recueillie cette observation. D'après les faits que j'ai vus, je ne crains pas de dire que l'amputation à la suite des fractures les plus graves ne doit être pratiquée que très-rarement, et dans les cas seulement où il ne sera pas possible de temporiser. »

1. T. II, p. 521.

sortent successivement ; la vie est un tourbillon continuel[1]. »

Ce *tourbillon continuel*, cette *mutation conti-nuelle*, conçue d'une manière abstraite par Buffon et par Cuvier, est aujourd'hui un fait constaté, démontré par mes expériences.

Comment accorder ce fait avec le système de Bonnet sur les *germes accumulés?*

Bonnet croyait, avec tous les physiologistes de son temps, que l'accroissement de l'os se faisait par l'interposition de molécules nouvelles entre les molécules anciennes. Suivant ce système, c'était le *même os* qui s'allongeait et se distendait. Or, dans cet os que Bonnet suppose *constant* et *fixe*, l'expérience fait reconnaître une *succession d'os* continuellement résorbés et reformés. Cet os que je considère sur l'animal vivant n'a plus, en ce moment, aucune des parties qu'il avait il y a quelque temps ; et bientôt, il n'aura plus aucune de celles qu'il a aujourd'hui. Il ne sera plus le même os : que seront devenus ses *germes accumulés?*

Il y a plus ; l'os nouveau, l'os reproduit ne se forme pas tout d'un coup, tout d'une pièce ; il

1. *Rapport historique sur le progrès des sciences naturelles,* p. 200.

12

se forme peu à peu, parties par parties ; il est d'abord grossier, rugueux, informe ; il n'arrive que lentement à la forme qu'il doit avoir, et quelquefois il n'y arrive point. Comment la formation des os *parties par parties* se concilie-t-elle avec des germes *préformés* et *préexistants ?*

SEIZIÈME LEÇON

Ovologie. — Tout animal vient d'un œuf; tout œuf vient d'un ovaire. — Vérification de cette double loi dans les mammifères. — Harvey. — Stenon. — Regnier de Graaf. — Baër. — Physiologie élémentaire de l'œuf de l'oiseau.

Je vous ai déjà cité le fameux axiome d'Harvey : Tout être vivant vient d'un œuf — *Omne vivum ex ovo.*

Aristote, ainsi que je l'ai dit dans une autre leçon, divisait les animaux en trois classes, relativement au mode de génération. Il distinguait :

1° Les animaux *vivipares,* qui produisent un petit vivant; ce sont ceux que nous appelons aujourd'hui *mammifères.* Aristote, avec cette sagacité qui rarement lui manque, range dans cette classe les chauves-souris que l'on considérait encore, au temps de Linné, comme des oiseaux, et les cétacés que Linné lui-même classait parmi les poissons;

2° Les animaux *ovipares*, qui produisent un œuf, tels que les oiseaux, les reptiles, les poissons, plusieurs insectes. Malgré les apparences, Aristote comprend, avec raison, dans les ovipares la vipère et les sélaciens;

3° Les animaux *à génération spontanée*. Nous avons vu qu'Aristote entend par là tous ceux dont il n'a pas étudié le mode effectif de génération.

Aujourd'hui ces trois modes de génération n'en font plus qu'un. Tous les animaux, sans exception, sont reconnus ovipares, avec cette seule distinction que, dans les uns, ceux qu'on appelle les *ovipares proprement dits*, l'œuf sort avant le développement du fœtus, et que, dans les autres, les *vivipares* ou *mammifères*, l'évolution de la vie fœtale se passe dans la matrice et que le petit ne sort que lorsque son développement de *fœtus* est complet.

La loi qui préside au mécanisme de la génération des êtres est une loi unique.

Tous les animaux, dont nous avons pu jusqu'ici étudier le mode de génération, sont *ovipares*.

A la loi d'Harvey : *Tout être vivant vient d'un œuf*, ajoutons-en une autre : *Tout œuf vient primitivement d'un ovaire.*

L'application de cette double loi aux mammifères a demandé une longue suite d'efforts, et de la part des physiologistes les plus éminents.

Harvey ouvre la série. Son beau livre *De generatione* date de 1651. J'ai dit qu'Harvey n'avait vu l'œuf des vivipares que dans la matrice. En cela, sa recherche s'était arrêtée trop tôt. Mais la production de l'œuf dans l'organe que nous appelons aujourd'hui *ovaire* étant, de son temps, un fait reconnu pour les ovipares, il était facile de prévoir que ce fait serait bientôt généralisé.

Pour les anciens, l'*ovaire* des vivipares n'était qu'un testicule qui sécrétait une liqueur fécondante, analogue à celle du mâle. Ce fut l'opinion d'Hippocrate, de Galien, de toute l'antiquité médicale. Buffon lui-même a partagé cette erreur : il suppose dans la femelle des réservoirs séminaux où se rendent les *molécules organiques*, comme dans le mâle; et, dans le mâle comme dans la femelle, il appelle ces réservoirs : *testicules*.

Stenon a reconnu, le premier, dans le prétendu testicule de la femelle, l'organe qui est le véritable producteur des œufs : *l'ovaire*. Le livre où il démontre ce fait est intitulé : *Observationes anatomicæ ova viviparorum spectantes*, 1662 [1].

Regnier de Graaf vient ensuite. C'est lui qui découvrit l'œuf dans l'ovaire. Il est vrai qu'il n'a vu que la *vésicule* qui renferme l'œuf, et non pas l'œuf lui-même. Ce dernier progrès appartient à notre époque. Graaf n'en a pas moins fait en ce genre le premier pas. Pour démontrer que l'œuf vient de l'ovaire, il imagina cette belle expérience : sur une chienne déjà fécondée, il lia une des trompes. La chienne mit bas, et Graaf

1. Stenon était un homme de génie. Dès ses premiers pas dans l'anatomie, il découvrit le conduit excréteur des parotides ou de la salive, conduit qui porte encore son nom : le *conduit de Stenon*. Il est le premier qui ait reconnu que le cœur n'est qu'un organe de mouvement, un muscle. Avant lui, les physiologistes faisaient du cœur l'organe de la formation des *esprits vitaux*. (Voyez mon *Histoire de la découverte de la circulation du sang*.) C'est encore lui qui a eu le mérite de découvrir la vraie nature de la substance cérébrale, laquelle se compose de fibres et non d'une simple moelle, comme on le croyait. Toutes les études anatomiques qu'on a faites depuis sur le cerveau n'ont fait que développer ce point de vue de Stenon. Enfin il s'occupa de géologie. Il apporta, dans l'étude de cette science, la même supériorité d'esprit : le premier, il sut reconnaître la structure par couches, la *stratification*, de la surface du globe. Deluc nomme Stenon : le père de la véritable géologie.

constata que les petits venaient de la trompe qui n'avait pas été liée. La ligature de l'autre trompe avait interrompu la marche des œufs de ce côté. Ces œufs s'étaient développés d'une manière imparfaite, et là où ils avaient été arrêtés, c'est-à-dire dans la trompe, il s'était produit ce qu'on appelle une *grossesse tubaire*.

Le livre où Graaf a consigné ses difficiles observations a, pour titre : *De mulierum organis generationi inservientibus tractatus novus, demonstrans tam homines et animalia cætera omnia quæ vivipara dicuntur haud minus quam ovipara ab ovo originem ducere*, 1672. Ce titre est un exposé sommaire de la vraie, de la nouvelle doctrine, de la doctrine actuelle touchant la génération.

Enfin, en 1827, M. Baër distingua, le premier, dans l'œuf: 1° la vésicule qui le contient; 2° l'œuf proprement dit.

Maintenant, étudions l'œuf, et commençons par l'œuf de l'oiseau. Tout le monde le connaît. C'est, d'ailleurs, à cause de son grand volume, le plus facile à étudier.

Nous voyons dans un œuf d'oiseau, dans l'œuf de la poule, par exemple :

1° Une *coquille* calcaire, poreuse. C'est l'enveloppe générale, le corps protecteur;

2° Une pellicule qui tapisse intérieurement la
coquille, pellicule appelée *membrane calcaire* ou
membrane de la coque. Elle se compose de deux
lames qui, à l'une des extrémités de l'œuf (au
gros bout), cessent d'adhérer ensemble. L'intervalle qui s'établit entre elles forme ce qu'on appelle la *chambre à air*. C'est là que se rassemble
l'air qui pénètre par les pores de la coquille pour
la respiration du fœtus. Si l'on bouche ces pores
avec de l'huile, avec de la colle, etc., le petit périt
par asphyxie;

3° Un produit à demi liquide, le *blanc* de l'œuf.
Il sert à délayer le *jaune* qui est l'aliment du
fœtus;

4° Les *chalazes* que, dans le langage vulgaire,
on appelle si improprement le germe. Elles sont
situées aux deux pôles de l'œuf : ce sont deux
prolongements de la membrane du *blanc* ou
membrane chalazifère, tordus par la rotation de
l'œuf dans l'oviducte ;

5° Le *jaune* ou *vitellus*. L'incubation ne devant
introduire aucun aliment dans l'œuf, il faut que
le fœtus tire de l'œuf même toute sa subsistance.
C'est le *jaune* qui la lui fournira. Le jaune est

contenu dans une membrane appelée *membrane vitelline;*

6° Enfin, et ceci est la partie principale, la *cicatricule,* tache circulaire, lieu où s'accomplissent les premiers phénomènes de la formation et du développement du nouvel être.

Telles sont, considérées d'une vue générale, les différentes parties de l'œuf. Nous en ferons plus tard un examen plus particulier. Pour le moment, je me contente de vous dire que ces parties que nous venons de voir dans l'œuf de la poule, nous les retrouverons dans les œufs de tous les animaux : *Tout œuf est, au fond, composé de même.*

DIX-SEPTIÈME LEÇON

Où et comment se forment les différentes parties de l'œuf.
— Jumeaux; monstruosités. — Œufs hardés. — Prétendus œufs de coq. — Développement du nouvel être
dans la cicatricule. — Caractère propre de la vie fœtale.

Je vous ai fait connaître la structure de l'œuf
de la poule. Des parties qui le composent, les
unes sont *essentielles*, savoir : la cicatricule, le
vitellus et sa membrane. Les autres ne sont
qu'*adventices*; ce sont : la coquille, la membrane
calcaire, le blanc et les chalazes.

Les parties *essentielles* sont déjà formées, et il
n'y a qu'elles qui le soient, quand l'œuf est dans
l'ovaire.

Voici comment se forment les parties *adventices* : l'œuf, détaché de l'ovaire, s'engage dans le
pavillon de l'*oviducte*; il y chemine en produi-

sant une certaine excitation, par suite de laquelle
la membrane muqueuse de ce canal sécrète une
matière albumineuse. Cette matière enveloppe
le vitellus et donne successivement une membrane, la membrane du blanc, et les prolongements tordus de cette membrane ou les
chalazes, puis le blanc lui-même, et puis la membrane calcaire. Parvenu à l'extrémité de l'oviducte et près d'être expulsé, l'œuf se revêt enfin
d'une autre sécrétion, composée en grande partie
de carbonate calcaire, et qui donne la dernière
enveloppe, la coquille.

Il arrive quelquefois que l'on trouve dans la
même coquille deux œufs : c'est qu'arrivés en
même temps dans l'oviducte, ils l'ont parcouru
ensemble et y ont reçu une enveloppe commune.
Qu'on soumette cet œuf double à l'incubation :
s'il a été fécondé et si les deux germes peuvent
se développer librement, il sortira de la même
coquille deux poulets, deux jumeaux. Mais si la
coquille est trop étroite, les deux germes se
trouveront pressés l'un contre l'autre; les parties en contact, seront d'abord comprimées,
atrophiées, puis résorbées; les deux êtres se
souderont, le plus souvent vers le tronc, et
nous n'aurons plus qu'un être composé de deux

êtres incomplets. Le poulet, avec un seul tronc, aura quatre pattes, deux têtes, etc. Tel est, considéré d'une vue générale, le mécanisme des *monstruosités doubles*[1].

Beaucoup de poules produisent deux et jusqu'à trois œufs par jour. Il arrive alors que, l'oviducte ne pouvant plus sécréter assez de carbonate calcaire pour envelopper tous les œufs, les derniers pondus n'ont pas de coquille. Ce sont ces œufs que l'on appelle des *œufs hardés*.

Pour en finir avec tous ces petits détails, je dirai un mot d'un préjugé fort répandu dans les campagnes, savoir : que les coqs pondent des œufs et que ces œufs renferment de petits serpents.

L'illustre chirurgien La Peyronie ne dédaigna pas d'étudier le fait et de l'expliquer dans un mémoire intitulé : *Sur les petits œufs de poule sans jaune que l'on appelle vulgairement œufs de coq*. Il n'eut pas de peine à prouver que les coqs ne produisent pas d'œufs. Les jeunes poules commencent quelquefois par pondre des œufs imparfaits; la portion qu'eût dû former l'ovaire,

---

1. Je ne parle ici que des *monstruosités doubles* de formation secondaire. Il y a des germes primitivement et originairement doubles.

encore trop peu développé[1], n'est pas fournie;
point de vitellus ni de cicatricule par conséquent. Il ne se forme que les parties sécrétées
par l'oviducte, c'est-à-dire le blanc et la coquille. Les petits serpents sont tout simplement
les chalazes.

Je passe à l'examen de la *cicatricule*.

Fabrice d'Acquapendente, le maître d'Harvey,
est le premier qui ait remarqué la *cicatricule*;
mais il était loin de s'en faire une idée juste. Il
croyait que l'œuf était attaché à l'ovaire par un
pédicule, et que, le pédicule venant à se rompre,
il se produisait sur l'œuf une cicatrice. De là le
nom de *cicatricule*. Harvey porta sur ce point un
coup d'œil plus net; il vit que c'était dans la
cicatricule que se développait le fœtus, et il lui
donna le nom de *vésicule du germe*.

Avant l'incubation, que l'œuf soit fécondé ou
non, la cicatricule ne présente qu'une tache
blanchâtre, un cercle mal défini. Si l'œuf, soumis à l'incubation, n'est pas fécondé, il ne tarde
pas à se corrompre. S'il est fécondé, l'incubation produit bientôt dans la cicatricule une

1. Les vieilles poules donnent aussi quelquefois des œufs
sans jaune, et par la raison contraire; c'est que l'ovaire commence à s'atrophier.

série de phénomènes, et, l'on peut le dire ici
sans aucune espèce d'exagération, une série de
merveilles.

Pour amener ces merveilles, qu'a-t-il fallu?
Un peu de chaleur. Ce que la mère donne à l'œuf,
en le couvant, c'est uniquement de la chaleur.
Aussi, les œufs d'une espèce peuvent-ils être cou-
vés par les femelles d'une autre espèce; par
exemple, les œufs d'une cane par une poule, et
réciproquement. Toute chaleur est bonne pour
cet usage. De là les incubations artificielles.

Les anciens Égyptiens connaissaient l'incubation artificielle; et aujourd'hui encore elle
constitue une véritable industrie dans quelques
villages près du Caire.

En Europe, l'incubation artificielle a été reproduite par Réaumur. Personne n'ignore que c'est
à Réaumur que nous devons l'instrument qui
nous sert à mesurer la chaleur, le thermomètre.
La première invention du thermomètre remonte
à Newton, mais c'est Réaumur qui a rendu cet
instrument d'une application sûre et facile par
le choix heureux des deux points extrêmes de
la graduation : celui de la glace fondante et celui
de l'ébullition de l'eau, points toujours fixes dans
les mêmes conditions. Réaumur eut l'idée de

mesurer avec son thermomètre la température
qu'une poule communique à l'œuf; il trouva
+ 32° de son thermomètre, c'est-à-dire + 40°
du thermomètre centigrade. Il essaya ensuite de
soumettre des œufs à cette température, main-
tenue constante pendant toute la durée du temps
que comprend l'incubation naturelle. L'éclosion
eut lieu.

Aujourd'hui l'incubation artificielle est d'une
pratique vulgaire.

L'œuf de la poule demande une incubation de
21 jours. Suivons ce qui va se produire dans les
premiers jours.

Portons nos regards sur la *cicatricule*. Dès les
premières heures de l'incubation, la petite masse
de substance, contenue dans la *cicatricule,* se divise : d'abord, en deux moitiés, puis chacune des
deux moitiés se sépare en deux autres, qui se
subdivisent de la même façon, et, de division en
division, la cicatricule se trouve bientôt composée d'une quantité considérable de petites
sphères ou cellules. C'est là ce qu'on nomme la
segmentation de la cicatricule.

Bientôt, dans la cicatricule ainsi segmentée,
apparaît une membrane, dans laquelle vont
se dérouler tous les phénomènes du dévelop-

pement. Cette membrane est le *blastoderme*.

Le blastoderme, né de la cicatricule, s'épanouit à la surface du vitellus, au-dessous de la membrane vitelline. Il se divise bientôt en deux feuillets : l'un, qui est destiné à former les organes de la vie de relation, c'est le *feuillet externe* ou *séreux ;* l'autre, qui donnera naissance à l'intestin et à la plupart des viscères, c'est le *feuillet interne* ou *muqueux* [1].

Deuxième jour d'incubation : la cicatricule s'est agrandie ; elle est entourée de cercles que leur apparence a fait appeler *halos* (terme emprunté à l'astronomie). Un pointillé rouge se remarque sur les halos.

Troisième jour : un très beau réseau vasculaire couvre les halos ; il résulte du développement des vaisseaux omphalo-mésentériques ; c'est l'*image veineuse* des anciens. L'embryon se dessine sous l'aspect d'un petit corps linéaire, légèrement recourbé sur lui-même en forme d'un croissant. Au centre de ce croissant est un point rouge qui saute, *punctum saliens ;* ce *point sautillant* est le cœur. Aristote avait vu avec admi-

---

1. Entre ces deux feuillets, quelques observateurs en admettent un troisième ou *feuillet vasculaire*, dans lequel se produiraient les vaisseaux.

ration, dans l'œuf de l'oiseau, ce *point qui saute*. Harvey l'observa à son tour dans l'œuf du mammifère, et son ravissement fut tel à cette vue qu'il courut chercher le roi Charles Ier, pour lui faire contempler la merveille.

Quatrième jour : l'embryon est plus développé; son canal intestinal se montre; l'*allantoïde*, qui avait déjà paru, croît rapidement; l'*amnios* est formé.

Le *sixième jour*, le nouvel être est complet.

On croit communément que la différence entre le fœtus et l'adulte ne consiste que dans les proportions, dans la taille, etc. ; ainsi, le fœtus du cheval serait tout simplement un cheval en petit. On se trompe; la différence est plus profonde. Le fœtus a toute une organisation qui lui est propre. Il y a des organes fœtaux, et il y a des organes d'adulte.

Remarquons d'abord que la vie animale (la locomotion, les fonctions des sens, la vue, l'ouïe, etc.,) est encore assoupie dans le fœtus. Il n'y a que la vie végétative qui soit en action, et elle s'exerce par des organes qui sont autres que ceux de la vie végétative de l'adulte. Le fœtus a une peau extérieure, l'*amnios,* qui n'est pas

13.

la peau de l'adulte; il respire à sa façon par les vaisseaux *omphalo-mésentériques* d'abord, puis par les vaisseaux ombilicaux ou *allantoïdiens*; il a une poche extérieure pour recevoir ses excrétions, l'*allantoïde*. Ce sont toutes ces parties qui constituent *les organes temporaires du fœtus*, les organes propres de sa *vie végétative*.

DIX-HUITIÈME LEÇON

Membranes de l'œuf : 1° membrane vitelline ou chorion;
2° amnios; 3° membrane ombilicale; 4° allantoïde.

Ne perdez pas de vue, dans la suite de ces études ovologiques, ce point fondamental, savoir : que le fœtus se nourrit, respire, vit, en un mot, par des organes qui lui sont propres, par des organes que n'a pas l'adulte. Ainsi, le fœtus a une peau extérieure, un intestin, une vessie excrétoire, des poumons, qui lui sont propres. C'est l'ensemble de ces parties qui constitue l'organisation propre du fœtus pour la *vie végétative*.

A les considérer d'une manière générale, ces organes de la *vie végétative* se composent de quatre poches ou membranes: 1° la membrane vitelline ou le chorion; 2° l'amnios ; 3° la membrane ombilicale; 4° l'allantoïde. Étudions chacune de ces membranes, toujours dans l'œuf de l'oiseau.

1° La *membrane vitelline* [1] se nomme aussi membrane du jaune. Elle présente une structure celluleuse, et peut être divisée en deux feuillets. C'est l'enveloppe générale de l'œuf, avant qu'il se soit détaché de l'ovaire.

La membrane vitelline ne tient pas au fœtus, tandis que les trois autres poches sont des émanations du fœtus lui-même.

Tels sont donc les deux caractères essentiels de la membrane vitelline : c'est une enveloppe générale, et elle ne tient pas au fœtus.

2° L'*amnios* est une membrane très-fine, blanche, pellucide, née du feuillet externe ou séreux du blastoderme, le même qui a déjà produit la première ébauche de l'embryon. Autour de l'embryon ce feuillet se soulève en formant un *pli* circulaire, qui devient de plus en plus saillant. Ce pli se recourbe de tous côtés, d'avant en arrière, d'où résulte une cavité au fond de laquelle se trouve l'embryon. Au niveau des deux extrémités de l'embryon, le pli blastodermique

---

1. Dans les mammifères, elle prend le nom de *chorion*.

prend une apparence qui l'a fait comparer à un capuchon; et c'est de là que viennent les noms de *capuchon céphalique* et de *capuchon caudal* : le premier, comme son nom l'indique, servant à désigner la portion de ce pli qui répond à la tête de l'embryon; le second, la portion de ce pli qui répond à la partie caudale. Par suite du développement progressif du pli circulaire qui se recourbe de plus en plus, l'orifice de la cavité, de la bourse, se rétrécit et finit par s'oblitérer en un point qui répond à la face dorsale de l'embryon, et qu'on nomme l'*ombilic amniotique*.

L'*amnios* est alors formé : bientôt il secrète un liquide séreux destiné à protéger le fœtus. Ce liquide est le *liquide amniotique*.

Le petit poulet se trouve complétement renfermé dans l'amnios et entouré du liquide amniotique, à la fin du quatrième jour de l'incubation.

L'amnios a pour caractère de servir d'enveloppe immédiate au fœtus.

3° La *membrane ombilicale* est constituée par le feuillet interne ou muqueux du blastoderme. La partie de ce feuillet, qui répond à l'embryon, formera l'intestin *intérieur* du fœtus. Par son épanouissement *extra-fœtal*, ce feuillet s'applique immédiatement sur le vitellus et l'environne complétement : il prend là le nom de *membrane ombilicale*, et forme comme un second intestin, comme l'intestin *extérieur* du fœtus.

La *membrane ombilicale* n'est que la continuation de l'*intestin du fœtus*.

C'est cette *continuité*, mal démêlée, qu'Haller regardait comme une preuve péremptoire de la préexistence du germe. Nous voyons, disait-il, la poule pondre des œufs sans le concours du mâle. C'est déjà un indice de préexistence. Nous voyons ensuite l'œuf (c'est-à-dire le *jaune* et sa membrane) tenir au *poulet*. Donc l'*œuf* et le *poulet* n'ont jamais fait qu'un et préexistaient ensemble.

C'était très-bien raisonner, mais c'était partir d'une méprise. Haller confondait la membrane *vitelline* avec la membrane *ombilicale*. La membrane vitelline préexiste, en effet, au développement du fœtus et même à la fécondation ; mais elle ne tient pas au fœtus, elle n'appartient pas au fœtus : la membrane ombilicale, au contraire, vient du fœtus, tient au fœtus ; mais elle ne préexiste point.

La membrane ombilicale tapisse à l'intérieur

la membrane vitelline, et ses vaisseaux viennent du poulet : c'est le prolongement des vaisseaux mésentériques de celui-ci.

4° L'*allantoïde* est une quatrième poche, qui ne paraît qu'après les autres. C'est cette poche qui, dans les mammifères, donne naissance à la vessie urinaire et dont le vestige subsistant porte le nom d'*ouraque*. Cette poche naît de la partie inférieure de l'intestin sous forme d'une petite vésicule.

C'est entre la 48me et la 60me heure de l'incubation que cette sorte de germination a lieu. Le quatrième jour, l'allantoïde croît rapidement; le cinquième, elle a un long pédicule; le sixième, elle se montre comme une grosse vessie aplatie. Dans les derniers jours de la seconde semaine, elle enveloppe tout le fœtus, y compris le sac vitellin, tapisse l'intérieur de la coque et soutient un réseau vasculaire extrêmement riche, contenant un sang vermeil. Les troncs de ce réseau sont les vaisseaux ombilicaux, composés de deux veines et de deux artères.

Les vaisseaux de l'allantoïde constituent essentiellement le poumon du poulet dans l'œuf, son organe de respiration, l'organe qui présente le sang à l'action de l'air.

L'allantoïde a aussi pour usage de recevoir les excrétions du fœtus.

Haller est le premier qui ait bien observé l'allantoïde dans l'oiseau. Il en parle en ces termes : « L'allantoïde paraît de bonne heure et dès avant le troisième jour. »

Nous venons d'étudier toutes les parties *adventices* et toutes les parties *essentielles* de l'œuf dans les ovipares. Formons-nous maintenant une idée du rôle physiologique de chacune d'elles.

Commençons par les parties *adventices*.

Pour des organes si petits, si frêles, que le sont d'abord ceux du nouvel être, une enveloppe commune et protectrice était nécessaire. Cette enveloppe est la membrane calcaire qui se trouve encore fortifiée par la coquille. Au moyen de sa coquille, l'œuf peut résister aux agents de destruction qui l'environnent.

Il fallait, en second lieu, que le nouvel être fût préservé du contact des autres parties qui composent l'œuf. C'est l'amnios qui sert à cela ; il contient le fœtus privativement et l'isole des autres parties. Ce n'est pas tout ; il fallait prévenir les chocs, les secousses : et c'est à quoi sert le liquide sécrété par l'amnios. Dans ce liquide le nouvel être est ballotté doucement; l'effet des chocs et des secousses est amorti.

En troisième lieu, l'œuf étant complétement séparé de la mère, s'il n'y avait pas eu dans l'œuf même une provision de nourriture, comment le fœtus aurait-il vécu?

La membrane du jaune contient une provision de matière nutritive, telle qu'il la fallait pour le jeune être. Cette provision, appelée *jaune* ou *vitellus*, a été si bien mesurée que le fœtus trouve dans l'œuf ce qu'il lui faut de nourriture précisément pour le temps de son développement, ni plus ni moins.

Dans les vivipares, chose admirable! il se développe, parallèlement au développement du fœtus, et non point dans le fœtus, mais dans la mère, un organe destiné à préparer l'aliment nécessaire au nouvel être : cet organe est la mamelle, et cet aliment est le lait.

Toute nutrition implique une excrétion[1]. De plus, cette excrétion ne peut pas sortir de l'œuf. Mais, dira-t-on, son séjour y sera une cause de désordre; elle refoulera les or-

---

1. Pendant la vie fœtale, l'excrétion est exclusivement liquide, c'est-à-dire urinaire.

ganes, étouffera l'animal! — Non, il a été pourvu à tout : il existe une poche, *l'allantoïde*, pour recevoir l'excrétion.

Maintenant, comment le fœtus respirera-t-il? Par ses poumons? Mais le fœtus est pelotonné, ramassé sur lui-même ; par suite, ses poumons sont comprimés, et d'ailleurs, ils sont encore bien imparfaits. Il ne peut donc pas respirer par ses poumons. — Cette même poche, qui sert de réceptacle aux excrétions, se recouvre de vaisseaux qui s'étendent, se développent et vont au-devant de l'oxygène ; ils font l'office d'organe respiratoire.

Quelle admirable série de prévisions et de précautions! N'est-il pas manifeste, par tous ces exemples, que les fonctions sont le but, la *fin* des organes, et ne sommes-nous pas fondés à dire que la physiologie est la démonstration évidente des *causes finales?*

DIX-NEUVIÈME LEÇON

Tout œuf est composé de même. — Ovulation spontanée. —
Description de l'œuf des mammifères carnassiers.

Après cette première loi : *tout être vivant vient
d'un œuf,* nous en avons posé une autre : *tout œuf
est composé de même.* Voyons donc si nous retrouverons dans l'œuf du mammifère les caractères
et la structure de l'œuf de l'oiseau.

Un premier point de conformité, c'est que tous
les deux se forment dans un même lieu qui est
l'ovaire. Nous l'avons déjà vu.

L'œuf du mammifère est contenu dans une
vésicule qu'on appelle du nom de celui qui l'a
vue le premier : *vésicule de Graaf.* Cette vésicule,
parvenue à maturité, se rompt pour laisser
échapper l'œuf ; la rupture forme une plaie qui,

comme toute plaie, s'accompagne d'une tuméfaction, d'un épanchement sanguin. Au bout de quelque temps, le sang épanché s'épaissit en une matière jaunâtre : c'est ce qu'on appelle le *corps jaune*. Autant de corps jaunes, autant d'œufs qui sont sortis de l'ovaire. Le corps jaune ne tarde pas à être résorbé et ne laisse qu'une cicatrice; le nombre d'œufs sortis de l'ovaire reste marqué, attesté par le nombre des cicatrices.

Les œufs, détachés de l'ovaire, ne donnent pas tous des fœtus. Ceux qui n'ont pas été fécondés ne produisent rien. Dans ceux qui ont été fécondés, un nouvel être se développe. Pour les mammifères, le développement du nouvel être, le *développement fœtal* se fait tout entier dans la matrice. Au contraire, l'œuf de l'oiseau séjourne très-peu de temps dans l'oviducte, d'où il sort pour être soumis à l'incubation.

Vous voyez qu'il existe, si je puis parler ainsi, deux pondaisons successives : l'une intérieure, quand l'œuf s'échappe de sa vésicule; l'autre extérieure, quand le fœtus parvenu à terme dans les vivipares, ou quand l'œuf mûr pour l'incubation dans les ovipares, sort du sein de la mère.

Vous voyez aussi que la femelle (tant dans les

vivipares que dans les ovipares) pond des œufs sans le secours du mâle, phénomène qui a reçu le nom d'*ovulation spontanée*. Le fait est manifeste et se passe sous les yeux de l'observateur dans les oiseaux, dans les batraciens, tels que le crapaud, la grenouille, dans la plupart des poissons, etc.

En 1835, professant un Cours d'ovologie au Muséum, je pressentais déjà que l'ovulation spontanée, visible dans l'oiseau, dans le batracien, dans le poisson, devait constituer une loi générale et qu'en conséquence on devait finir par la retrouver dans les vivipares. M. Pouchet, professeur de zoologie à Rouen, a vérifié depuis ce que j'avais prévu. Il a démontré, par des faits incontestables, l'ovulation spontanée dans les animaux mammifères. M. Raciborski est venu ensuite, et a démontré l'ovulation spontanée dans l'espèce humaine (1844). La généralisation a été complète.

Le phénomène organique qui accompagne l'ovulation spontanée, cette sorte de *parturition vierge*, est le phénomène des époques périodiques dans l'espèce humaine, et d'autres époques également déterminées, pour les animaux.

14.

Passons à l'étude de l'œuf des mammifères.

Nous y retrouverons toutes les membranes, toutes les poches de l'œuf de l'oiseau. Prenons d'abord pour exemple l'œuf d'un carnassier, du chien. Il nous présente les parties suivantes :

Dans l'*ovaire* : 1° la vésicule de Graaf; 2° dans la vésicule de Graaf, l'œuf de Baër; 3° dans l'œuf de Baër, la vésicule ou l'œuf de Purkinje; 4° sur l'œuf de Purkinje, la tache germinative, laquelle n'est pas constante.

Dans la *matrice* : 1° le chorion; 2° l'amnios; 3° la vésicule ombilicale; 4° la vésicule allantoïde.

Pour démontrer la loi d'analogie, je vais reprendre, sur l'œuf des carnassiers, la description de chacune des poches membraneuses, que nous avons étudiées dans l'œuf de l'oiseau.

Chorion. Le chorion est la membrane la plus externe de l'œuf (*membrane vitelline* des oiseaux); elle enveloppe toutes les parties du fœtus et ne lui adhère nullement. Le chorion se compose d'une membrane mince et caduque, recouverte d'un enduit verdâtre.

Le chorion, plus complet dans les autres mammifères, est, dans les carnassiers, très-peu marqué, rudimentaire.

Amnios. L'amnios est une poche remplie de liquide, et sert d'enveloppe immédiate au fœtus. L'amnios est une membrane mince et diaphane, analogue aux membranes séreuses, ne contenant point de vaisseaux.

Vésicule ombilicale. La vésicule ombilicale a la forme d'un T dont la branche horizontale serait formée par la vésicule, et la branche verticale par le pédicule. Cette vésicule est située sous le chorion, à l'extérieur du cordon ombilical, et contenue entre deux replis de la vésicule allantoïde.

La vésicule ombilicale sert à la nutrition du fœtus dans le commencement de la gestation, lorsque l'œuf n'a pas encore contracté d'adhérence placentaire avec la matrice. Elle est recouverte par les vaisseaux omphalo-mésentériques.

Vésicule allantoïde. La vésicule allantoïde a une forme ovoïde ; elle est située à l'extérieur de l'amnios ; elle est recouverte de vaisseaux qui ont pour racines les vaisseaux ombilicaux. La vésicule allantoïde tient à la vessie du fœtus par l'ouraque.

Toutes les parties sont donc essentiellement les mêmes dans l'œuf du mammifère et dans l'œuf de l'oiseau : seulement, les proportions de telle ou telle partie varient, parce que les circonstances de la vie fœtale varient elles-mêmes.

Ainsi, les mammifères étant vivipares et leur œuf ayant pour lieu d'incubation l'oviducte, cet œuf n'avait pas besoin d'être protégé par une enveloppe dure et résistante, comme l'œuf de l'oiseau.

Ainsi encore, l'œuf des mammifères est extrêmement petit, comparé à celui des ovipares proprement dits, parce que l'œuf de ceux-ci, entièrement séparé de la mère, devait contenir en lui toute la nourriture nécessaire au développement du fœtus.

Au contraire, l'œuf des mammifères n'a qu'un très-petit vitellus, parce que ce vitellus ne doit servir, en effet, qu'au premier développement du fœtus. Celui-ci ne tarde pas à se mettre en rapport avec les parois de l'organe d'incubation, de l'utérus, et à tirer de la mère, par un organe que nous étudierons bientôt (*le placenta*), toute la nourriture et tout l'oxygène dont il a besoin.

La loi d'analogie subsiste donc; tous les éléments principaux, toutes les *poches principales* de l'œuf de *l'oiseau* sont donc retrouvées dans

l'œuf du *mammifère,* et notre proposition est démontrée : *Tout œuf* (l'œuf du *mammifère* et celui
de l'*oiseau,* l'œuf du *vivipare* et celui de l'*ovipare*), *tout œuf est composé de même.*

VINGTIÈME LEÇON

Œuf des ruminants. — Œuf des rongeurs. — Le fœtus respire
par sa mère; expériences de Vésale et de Le Gallois. —
Le fœtus se nourrit par sa mère; mes expériences.

Tout œuf est composé de même, ai-je dit; et,
en effet, nous avons retrouvé, dans l'œuf des
mammifères carnassiers, toutes les parties que
nous avions vues dans l'œuf de l'oiseau.

Vérifions, d'une vue rapide, la loi de conformité dans les autres mammifères : prenons l'œuf
des ruminants. Celui-ci a un intérêt historique; il
a été étudié, pour la première fois, par le plus
éminent esprit qui se soit occupé de physiologie
dans l'antiquité, par Galien. On sait qu'alors
l'étude directe des dépouilles humaines était
interdite. Galien a tiré du ruminant tout ce

qu'il applique aux enveloppes du fœtus humain.

Galien donne à l'allantoïde ces deux caractères : 1° d'être en forme de boyau ; 2° d'être couverte de cotylédons.

En premier lieu, ni les carnassiers, ni les rongeurs ne nous offrent d'allantoïde en forme de boyau ; en second lieu, nous trouvons bien le premier de ces caractères dans les pachydermes, mais l'allantoïde de ceux-ci n'a pas de cotylédons ; elle ne porte que de simples disques.

Les deux caractères décrits par Galien ne se trouvent réunis que dans les ruminants.

L'œuf des ruminants nous présente d'ailleurs toutes les autres enveloppes que nous avons déjà vues.

Passons à l'œuf des rongeurs : il se rapproche beaucoup de celui des carnassiers. Contentons-nous de noter que le chorion, rudimentaire et à peine visible dans les carnassiers, est mieux accusé dans les rongeurs.

L'œuf des carnassiers a un chorion si mince qu'on avait même douté qu'il en eût un ; Cuvier, le premier, en a reconnu les traces.

Nous avons retrouvé, d'une part, dans l'œuf

des vivipares toutes les parties *essentielles* que nous avions étudiées dans l'œuf des oiseaux. Nous avons vu, d'autre part, que l'*œuf de l'oiseau* présente des parties *adventices* qui n'existent pas dans l'œuf des mammifères. Il ne nous reste plus qu'à parler d'un organe qui manque à l'*œuf des oiseaux*, le *placenta*.

Le *placenta* est le caractère spécial de l'*œuf des mammifères*.

Celui des animaux *carnassiers* est une masse vasculaire placée à la face externe de l'œuf, enveloppant comme une ceinture tout l'œuf et le partageant en deux parties à peu près égales. Il est formé par la terminaison des vaisseaux ombilicaux ou allantoïdiens. Il offre deux faces : l'une interne, ou *fœtale,* elle est lisse ; l'autre externe, ou *utérine,* elle est rugueuse, mamelonnée, villeuse, et parsemée de vaisseaux qui se mettent en rapport avec ceux de l'utérus. Enfin, sur l'utérus même, se voit une zone vasculaire : c'est le *placenta utérin.*

Le placenta est unique dans certaines espèces, et multiple dans d'autres ; en sorte que : 1° par cela seul qu'il existe ou non, il sert à distinguer les vivipares des ovipares ; et 2° par cela seul qu'il est unique ou multiple, il sert à distinguer les vivipares les uns des autres.

Tous les animaux onguiculés ont un placenta unique. Tous les animaux ongulés ont un placenta multiple.

Venons aux deux grandes questions physiologiques de la *vie fœtale* des mammifères. Comment se font la *respiration* et la *nutrition* du fœtus?

Le fœtus *respire* par sa mère.

Vésale est le premier qui ait tenté, sur cela, quelques expériences. Ayant ouvert le ventre d'une *chienne* pleine et à terme, il retira un des petits de la matrice et le posa sur une table, sans déchirer les enveloppes : il vit bientôt, à travers les enveloppes, le petit faire de vains efforts pour respirer et enfin mourir comme suffoqué. *Et veluti suffocatus moritur,* dit Vésale. Un autre petit, dont il déchira les enveloppes à temps, respira efficacement, dès qu'il eut la tête dégagée.

Le fœtus vivipare respire donc, conclut Vésale, dans la matrice, par l'intermédiaire de sa mère, et non par ses enveloppes, puisque, au milieu même de l'air, ces enveloppes ne permettent pas à l'air de passer et d'arriver au fœtus.

Les expériences de Le Gallois sont plus précises. Il les fit sur des lapins.

Il constata d'abord que le fœtus de lapin a la faculté de résister pendant vingt minutes à l'asphyxie, tandis que le lapin adulte ne peut y résister plus de deux minutes.

Ce point acquis, il soumit à ses expériences des lapines pleines, parvenues au 30ᵉ jour, c'est-à-dire au terme de leur gestation. Il les *asphyxiait* en les plongeant dans l'eau. Or, le petit qui, tiré de la mère vivante, survivait vingt minutes à l'asphyxie, ne survivait plus que dix-huit minutes à l'asphyxie, quand on le tirait de la mère asphyxiée. Donc, l'asphyxie du fœtus avait commencé avec celle de la mère. Les deux minutes d'asphyxie de la mère et les dix-huit minutes de survie du fœtus donnent vingt minutes, somme du pouvoir total qu'a le fœtus de résister à l'asphyxie.

J'ai répété les expériences de Le Gallois, et je les ai trouvées exactes.

La *respiration* du fœtus se fait donc par la mère.

Mais (question plus difficile encore) comment se fait sa *nutrition*?

En 1854, époque des leçons que je reproduis ici,

rien n'était plus obscur, plus inconnu encore que le mode selon lequel s'opère la *nutrition* du fœtus dans les mammifères. On poussait l'ignorance ou plutôt l'absurdité jusqu'à supposer que le fœtus se nourrissait des *eaux de l'amnios*, c'est-à-dire jusqu'à supposer que le fœtus se nourrissait d'une secrétion du fœtus.

Une expérience que j'ai faite cette année même (1860) vient de jeter un jour tout à fait inattendu sur ce grand phénomène, l'un des plus délicats et des plus profonds de l'économie animale entière.

A cause de l'importance du sujet, je reproduis ici, tout entière, la Note que j'ai lue à l'Académie, en lui communiquant mon expérience.

Note sur la coloration des os du fœtus par l'action de la garance, mêlée à la nourriture de la mère.

Il y a vingt ans aujourd'hui que je présentai à l'Académie (séance du 3 février 1840) deux ou trois squelettes de pigeons, rougis par l'action de la garance qui avait été mêlée, pendant un certain temps, à la nourriture de ces animaux. Les premières et dernières expériences de ce genre, faites en France, l'avaient été par Duhamel en 1739, c'est-à-dire plus d'un siècle avant les miennes. Les expériences de Duhamel étaient à peu près oubliées; les miennes furent accueillies avec curiosité par les physiologistes.

Dans la séance du 24 février 1840, passant de mes expériences sur les oiseaux à celles sur les mammifères, je présentai à l'Académie deux ou trois squelettes de jeunes porcs dont les os et les dents étaient complétement rougis aussi par l'action d'un régime mêlé de garance.

Aujourd'hui je présente à l'Académie un fait beaucoup plus curieux, et, à ce que je crois, tout nouveau. Il ne s'agit plus des os de l'animal même nourri avec de la garance. Il s'agit des os d'un fœtus, dont tous les os sont devenus rouges, et du plus beau rouge, par cette seule circonstance que la mère a été soumise à un régime mêlé de garance pendant les 45 derniers jours de la gestation.

Et non-seulement tous les *os* sont devenus rouges [1], mais les *dents* le sont devenues aussi.

---

1. Et, chose remarquable, d'une manière beaucoup plus complète, et surtout beaucoup plus uniforme, que lorsque le fœtus, arrivé à un mois d'âge, par exemple, est soumis lui-

Du reste, il n'y a que les *os* et les *dents* (c'est-à-dire que ce qui est de nature *osseuse*) qui le soient devenus. Ni le périoste, ni les cartilages, ni les tendons, ni les muscles, ni l'estomac, ni les intestins, etc.; rien autre, en un mot, que ce qui est os, n'a été coloré.

Tout ceci est absolument ce qui se passe dans les animaux nourris eux-mêmes avec un régime mêlé de garance.

Je fais passer, sous les yeux de l'Académie, trois pièces qui sont trois parties du même squelette.

La première est le tibia droit, joint à son péroné. Tout l'os est rouge; mais le périoste et les cartilages ne le sont point.

La seconde pièce est le tibia gauche. Un lambeau du périoste a été détaché sur un point, et l'on voit qu'il a conservé sa couleur blanche ordinaire.

La troisième pièce est le reste du squelette. On y remarquera surtout les dents, qui sont parfaitement colorées.

La coche, qui a donné ce fœtus, en a produit

mème au régime de la garance, tant la perméabilité du tissu de l'embryon a facilité la pénétration du sang de la mère.

15.

cinq à la fois. Deux sont morts, et tous deux se sont trouvés également colorés. Les trois autres vivent; et l'on peut juger, par la coloration de leurs dents, de la coloration du reste de leur squelette[1].

Je me borne à présenter aujourd'hui le fait à l'Académie. Il est capital.

La mère ne communique directement, immédiatement avec l'intérieur du fœtus que par son sang. Or, la communication du sang de la mère avec celui du fœtus, de quelque mode qu'elle se fasse[2], est un fait plein de conséquences.

Comment le fœtus respire-t-il? Comment se nourrit-il? Évidemment par le sang de la mère. Tous les physiologistes sérieux l'ont toujours pensé et toujours dit.

Mais le sang de la mère communique-t-il avec celui du fœtus? C'était là toute la question; et, par les pièces que je mets sous les yeux de l'Académie, on voit qu'elle est résolue.

Le sang de la mère communique si pleinement

---

1. Comme je juge, par la coloration des dents, de celle du squelette, sur la mère encore vivante.

2. Et ce ne peut être que par *endosmose*.

avec celui du fœtus, que le principe colorant de
la garance, ce même principe qui colore les os
de la mère, colore aussi les os du fœtus[1].

1. Voyez les *Comptes rendus* de l'Académie des Sciences,
T. IV, p. 1010.

VINGT-UNIÈME

ET

VINGT-DEUXIÈME LEÇONS

Mode de génération des marsupiaux. — Œuf du reptile; œuf du poisson. — La fécondation se fait sur l'œuf. — Œuf humain.

Nous avons vu que ce qui donne un caractère particulier à l'œuf des mammifères, c'est l'existence d'un ou de plusieurs placentas, tandis que dans l'œuf de l'oiseau le placenta n'existe pas : nous avons donné la raison physiologique de ces différences. Enfin, nous avons vu que le fœtus des mammifères respire et se nourrit aux dépens de sa mère et par le moyen du placenta.

Le fœtus respire par sa mère; il se nourrit

par sa mère : l'expérience qu'on vient de lire
sur les os du fœtus colorés dans le sein de la
mère ne laisse aucun doute ni sur l'un, ni sur
l'autre de ces deux points.

La coloration des os du fœtus par le sang de
la mère prouve la communication du sang
de la mère avec celui du fœtus, et, par suite,
la *nutrition* et la *respiration* du fœtus par la
mère.

Or, nous avons vu que l'organe de cette double
communication est le *placenta*. Il semblerait na-
turel, d'après cela, que tous les animaux de cette
classe eussent un placenta. Il n'en est pourtant
pas ainsi. L'étude des animaux d'Amérique nous
a révélé tout un groupe nouveau de mammifères
qui n'offrent aucune trace de placenta : ce sont
les *marsupiaux,* ou, comme Linné les appelait,
les *didelphes,* animaux singuliers et dont le premier genre connu, le genre *américain,* est celui
des *sarigues.* La découverte de ces animaux fut un
événement physiologique. L'étonnement redou-
bla lorsqu'on apprit, peu de temps après,
que dans la Nouvelle-Hollande on ne trouve
presque, en fait de mammifères, que des marsupiaux.

Les *marsupiaux* ont un mode de génération

tout particulier : la femelle est pourvue à l'extérieur d'une *poche* ou *bourse;* dans cette bourse sont les mamelles, et à chacune des mamelles est attaché, durant tout le temps de la gestation, et comme *greffé* par la bouche, un fœtus.

Deux os caractéristiques en forme de languette, articulés et mobiles sur le pubis, servent à l'attache des muscles qui ouvrent et ferment la *bourse :* on les appelle *os marsupiaux.*

Tout d'abord, on se demanda: les petits naissent-ils dans la bourse et se forment-ils aux mamelles de leur mère? On le crut, sur les apparences. Et cette opinion ne fut pas seulement celle du vulgaire ; elle eut cours parmi les naturalistes. Marcgrave l'admet; je trouve dans son ouvrage, *Rerum naturalium Brasiliæ libri octo* (1648), le passage suivant : « La bourse est proprement la matrice de la sarigue. Je m'en suis assuré par la dissection. »

Valentyn, ministre de la religion réformée et voyageur, dit dans son ouvrage intitulé : *Les Indes orientales* (1685) : « La poche des philandres est une matrice dans laquelle sont conçus les fœtus. » En 1786, le comte d'Aboville disait la même chose. L'erreur persista si longtemps qu'en

1819, M. Geoffroy Saint-Hilaire publiait une brochure sous ce titre : *Si les animaux à bourse naissent aux tétines de leur mère.*

C'est à un Anglais, le docteur Barton, que l'on doit les premières bonnes observations sur la génération des marsupiaux.

Nous savons aujourd'hui que les femelles des marsupiaux ont, comme les autres femelles de mammifères, deux ovaires, deux oviductes et une matrice : les organes intérieurs de la génération sont les mêmes. Le mode de développement du fœtus est aussi essentiellement le même. Mais le temps de la gestation est autrement distribué : chez les mammifères à placenta, le petit reste dans la matrice tout le temps nécessaire au développement; à sa naissance, il est complétement formé, il est *viable*. Dans les marsupiaux, les jeunes sont expulsés de la matrice pour ainsi dire avant terme. Quand ils arrivent dans la bourse, ils sont très-imparfaits : ceux de petites espèces ne pèsent pas, à cette époque, plus de quatre ou cinq centigrammes; leurs membres ne paraissent que comme de petits tubercules. C'est dans la bourse marsupiale que leur développement s'achève.

Les jeunes des mammifères ont deux modes

de nutrition : 1° la nutrition utérine; 2° la nutrition extérieure ou la lactation. Pour les marsupiaux, la lactation est le principal moyen d'alimentation. Les petits commencent à téter alors qu'ils ne sont encore qu'ébauchés. On comprend que pour ces animaux un placenta était inutile; il est remplacé par la mamelle.

Ici se présente une difficulté.

La gestation se partage pour les marsupiaux entre deux organes : la matrice et la bourse marsupiale. Nous concevons très-bien comment s'opère la gestation *extérieure* ou *marsupiale* : ce n'est autre chose qu'une lactation. Mais pour la gestation *utérine,* comment les choses se passent-elles? Comment le fœtus peut-il respirer et se nourrir dans la matrice, quand il n'y a pas de placenta pour le mettre en rapport avec la mère?

M. Richard Owen a étudié, dans l'oviducte, l'œuf d'un marsupial (le kanguroo géant), et voici ce qui résulte de ses observations : pour cet animal, la durée de la gestation utérine est de trente-huit jours; celle de la gestation marsupiale est de huit mois. Au fond, l'œuf du marsupial reproduit toutes les conditions essentielles de l'œuf des mammifères à placenta; il présente un cho-

rion, une vésicule ombilicale, une vésicule allantoïde, un amnios ; et toutes ces parties ont des
rapports de situation analogues. On y trouve une
masse vitelline, et même elle est plus considérable que dans les mammifères ordinaires : il
en devait être ainsi, puisqu'il faut que le fœtus
vive un temps plus long sur cette seule res-
source. L'allantoïde est très-petite et ne gagne
pas la surface de l'œuf de manière à produire
sur le chorion l'organisation vasculaire qui constitue le lien du placenta avec l'utérus. C'est
donc seulement au moyen des vaisseaux vitellins, communiquant par contiguïté avec les
vaisseaux de l'utérus, que s'établit le rapport avec
la mère. La respiration se fait par ces vaisseaux
vitellins. Quant aux éléments de nutrition, ils
sont, comme nous venons de le dire, puisés dans
la masse vitelline.

Voilà tout ce que nous savons sur la génération si curieuse des marsupiaux ; et j'avoue que
c'est bien peu de chose.

Quoi qu'il en soit, nous ne trouvons point de
placenta dans ce groupe de mammifères, tandis que tous les autres mammifères en ont un,
ou même plusieurs : les onguiculés un circon-
scrit, et les ongulés plusieurs dispersés.

Ces différences d'organisation m'ont donné l'idée, il y a déjà longtemps, d'une division ou classification physiologique des mammifères. Se fondant sur les caractères tirés des cotylédons, les botanistes distribuent les végétaux en trois grandes classes : les *monocotylédones,* qui n'ont qu'un seul cotylédon, les *dicotylédones,* qui en ont deux, et les *acotylédones,* qui n'en ont point. On peut de même distinguer les animaux vivipares ou mammifères en trois classes : la première comprend ceux qui ont un placenta unique, ou les *monoplacentaires ;* la deuxième, ceux qui en ont plusieurs, ou les *polyplacentaires,* et la troisième, ceux qui n'en ont pas, ou les *aplacentaires.*

Nous venons d'étudier l'œuf des vivipares et celui des oiseaux. Examinons rapidement l'œuf dans les ovipares autres que les oiseaux.

Il va sans dire que je n'emploie, pour le moment, ces mots *vivipares, ovipares,* que dans le sens ordinaire, vulgaire, dans le sens qui se rapporte aux apparences; car, au fond, tous les animaux sont *ovipares.* N'oublions jamais la grande loi : *Omne vivum ex ovo.*

Je divise, relativement au point de vue qui m'occupe ici, les ovipares : 1° en ovipares aé-

riens; ce sont les oiseaux et la plupart des reptiles;
2° en ovipares *aquatiques;* ce sont les batraciens
et les poissons (je ne parle encore que des animaux vertébrés).

Cela posé, nous ne serons pas étonnés de retrouver dans l'œuf de la tortue et dans celui du
crocodile, qui sont des ovipares *aériens,* la structure et les principaux caractères que nous avons
vus dans l'œuf de l'oiseau. Celui du crocodile
avait attiré l'attention d'Hérodote à cause de sa
petitesse, remarquable quand on la compare à
la taille de l'animal devenu adulte.

L'œuf de la tortue présente cette particularité
que sa coquille est ponctuée, ainsi que sa membrane calcaire.

Dans les œufs des ophidiens, faisons encore
une fois cette remarque des structures qui *se
compensent :* l'œuf n'a pas de coque; par compensation, la membrane extérieure, *l'analogue* de la
membrane calcaire, est très-épaisse.

L'œuf des ovipares *aquatiques* n'a pas d'allantoïde. Cette membrane, qui, par les vaisseaux
qu'elle soutient, sert de *poumon fœtal* aux ovipares aériens, n'est plus nécessaire aux ovipares
aquatiques : ils respirent par leurs branchies,
même à l'état fœtal. Les organes respiratoires

du fœtus varient donc selon le milieu dans lequel il se développe : dans le sein de la mère, le fœtus respire par le placenta; plongé dans l'air, il respire par les vaisseaux de l'allantoïde; plongé dans l'eau, il respire par les branchies.

Dans les batraciens et dans les poissons, la fécondation s'opère après la pondaison. Le batracien mâle (dans les *crapauds*, dans les *grenouilles*, etc.) embrasse la femelle, la presse et force les œufs à sortir : à mesure qu'ils sortent, il les féconde. Les poissons osseux nous présentent un degré de simplicité de plus : la femelle pond ses œufs et les dépose sur le sable; le mâle la suit et les arrose de sa liqueur fécondante, de la laite.

Toute fécondation se fait sur l'œuf. Ceci est encore une loi générale.

Dans les batraciens, dans les poissons, cette loi s'offre directement aux regards de l'observateur; dans les autres vertébrés, elle se déduit de faits pathologiques, tels que les grossesses extra-utérines. L'œuf tombe quelquefois dans l'abdomen et s'y développe. Puisqu'il se développe, c'est qu'il était fécondé, et il n'avait pu l'être que dans l'ovaire.

Toute *fécondation,* même dans les mammifères, se fait donc sur l'œuf ou dans l'ovaire.

Je ne dirai qu'un mot de l'œuf humain.

Malgré quelques particularités de structure qui masquent le caractère des enveloppes, les physiologistes ont retrouvé, dans cet œuf, toutes les parties de l'œuf des autres vivipares.

Cet œuf est celui qui a été étudié le plus tard. Aujourd'hui, il est complétement ramené à la loi d'analogie.

VINGT-TROISIÈME LEÇON

Œuf des poissons osseux ou ovipares et des poissons cartilagineux ou ovo-vivipares. — Œuf de la seiche. — Transition de la vie fœtale à la vie d'adulte. — Théorie du dédoublement organique. — Générations gemmipare, scissipare,
alternante.

Voyons d'abord ce qu'est l'œuf dans les poissons osseux.

Cet œuf a une structure fort simple : il se
compose d'une coque et d'un vitellus. Point d'allantoïde, ni d'amnios. Si l'on examine la contexture de la coque, on y trouve deux lames,
l'une extérieure, l'autre intérieure. Le vitellus a
aussi deux tuniques, complètes l'une et l'autre,
quoique très-fines.

Des poissons osseux passons aux poissons car-

tilagineux. Les poissons cartilagineux sont *ovo-
vivipares*. Le petit du requin reste dans la matrice, et s'y développe. L'œuf est recouvert d'une
membrane très-fine. Le petit sort de la matrice
en même temps que l'œuf, et il en sort achevé,
complet, à peu près comme dans les mammifères.

Comment le petit du requin se nourrit-il et
respire-t-il dans la matrice? Ayant un vitellus
très-développé, il s'y nourrit comme tous les
ovipares. Quant à sa respiration, elle s'y fait au
moyen des vaisseaux vitellins qui contractent
avec les vaisseaux de la mère une certaine adhérence. Cuvier a dit, en parlant de l'œuf du requin : « Il n'y a pas de placenta, et toutefois,
« le vitellus fort réduit des fœtus de requins,
« prêts à naître, m'a paru adhérer à la matrice
« presque aussi fixement qu'un placenta[1]. »

Dans le cours de ces rapides études d'ovologie,
nous n'avons pris jusqu'ici nos exemples que
parmi les vertébrés. Mais la loi d'analogie se retrouve dans le règne animal entier. Pour vous
donner une idée de l'œuf des invertébrés, je
choisis celui de la seiche (*mollusque céphalopode*).

---

1. *Histoire naturelle des poissons*, t. I, p. 541.

C'est un sphéroïde elliptique, assez semblable
à un grain de raisin. Il se prolonge en un pédicule terminé par un anneau qui, d'ordinaire,
embrasse quelque corps étranger, comme une
branche de fucus, par exemple. Puis, à ce premier pédicule s'attachent souvent les pédicules
d'autres œufs. De là ces *grappes d'œufs* qu'on a
comparées à des grappes de raisins, et qu'Aristote comparait, très-justement aussi, « à des
baies de myrte grosses et noires [1]. »

L'œuf de la seiche a été l'objet des observations
d'Aristote, de Cavolini, de Cuvier. Ce dernier,
dans un travail qui a précédé sa mort à peine de
quelques jours [2], nous a appris que le développement du petit de la seiche se fait, comme celui
des poissons et des batraciens, par le seul passage de la matière du vitellus dans le canal
intestinal, et sans le concours d'un organe temporaire de respiration. « C'est, dit Cuvier, une
« loi commune à tous les animaux à branchies.
« Ils n'ont jamais d'autre organe respiratoire
« que leurs branchies. »

Cuvier ajoute : « On peut même dire que la

1. *Histoire des animaux*, liv. V, p. 283.
2. *Sur les œufs de seiche* (*Nouvelles annales du Muséum
d'histoire naturelle :* 1832).

« seule différence un peu importante entre les
« poissons et les seiches, c'est que l'insertion du
« canal vitellaire, soit à l'extérieur, soit à l'in-
« térieur, se fait plus près de la bouche; ce qui
« était nécessité dans la seiche, par la disposi-
« tion de ses viscères. »

Cuvier termine son Mémoire sur *les œufs de
seiche* par la comparaison de ce qu'il a vu avec
ce qu'avaient vu Aristote et Cavolini : « En com-
« parant, dit-il, ce qu'ont écrit Cavolini et Aris-
« tote, on se persuade aisément qu'ils ont vu
« les mêmes choses que nous, et qu'il reste seu-
« lement quelque obscurité dans leur récit à
« cause de sa brièveté. Selon Cavolini, du centre
« des tentacules pend un canal qui est une conti-
« nuation de l'œsophage, et qui se dilate pour
« former la tunique du vitellus; dans deux autres
« endroits, il dit que le vitellus pend à la bouche.
« C'est ce qui a fait penser à M. Baër qu'il le
« suppose en communication avec la bouche.
« En effet, Cavolini se serait exprimé plus cor-
« rectement s'il avait dit qu'il pend au-devant
« de la bouche et communique avec l'œso-
« phage.

« Quant à Aristote, ce sont ses traducteurs qui
« me paraissent avoir obscurci son passage.....

« C'est la traduction de Scaliger que Camus a
« paraphrasée; il écrit :

« La petite seiche sort de l'œuf la tête la pre-
« mière, ainsi que les oiseaux; elle y est atta-
« chée de même qu'eux par le ventre.

« En quoi il y a double erreur : d'abord cette
« attache, qui est fausse; ensuite la sortie de la
« tête la première, à quoi Aristote n'avait pas seu-
« lement pensé.

« On voit par là combien la connaissance des
« faits est souvent nécessaire à l'intelligence des
« textes. En cette occasion, comme en tant d'au-
« tres, l'habileté d'Aristote à observer se trouve
« encore justifiée. »

Je termine ici l'étude de la *physiologie fœtale*,
et je résume cette étude par quelques idées d'ensemble.

Le fœtus vit par des organes qui lui sont propres : c'est là le point capital de la physiologie
comparée des âges. Quand le nouvel être passe
de la vie fœtale à la vie d'adulte, il se dépouille
de ses organes fœtaux et ne garde que ses organes d'adulte. Ne perdons pas de vue ces deux
faits.

On a été frappé, de bonne heure, des grands

changements qui s'opèrent, dans quelques cas,
lors de la transition de la vie fœtale à la vie
d'adulte ; et c'est là ce qui a donné l'idée des
métamorphoses. Les poëtes de l'antiquité se sont
mis à broder sur ce texte : témoin le poëme
d'Ovide. Les données scientifiques du temps
n'étaient guère plus exactes que le poëme des
Métamorphoses. Même dans nos temps modernes,
les idées sur les *métamorphoses* des insectes n'ont
pris un certain caractère de justesse que depuis
les travaux de Swammerdam.

J'ai déjà parlé des expériences de ce grand
observateur à propos du système de Leibnitz
sur la préexistence des germes. Swammerdam,
ayant soumis les chrysalides de divers insectes à
des procédés très-fins d'anatomie, parvint à découvrir, sous la peau extérieure de la chrysalide, toutes les parties du futur papillon, les antennes, les pattes, les ailes, etc. Il alla plus loin ;
il retrouva dans la larve toutes les parties de la
chrysalide. Ainsi, larve, chrysalide et papillon,
tont cela n'est qu'un seul et même être. Swammerdam nous a découvert le mécanisme réel,
le *merveilleux vrai* des métamorphoses.

Ces *grands changements* nous frappent dans les
insectes parce qu'ils s'y accomplissent à l'exté-

rieur, sous nos yeux; mais ils ont également lieu dans les animaux supérieurs : tous les êtres, en passant de la vie embryonnaire à la vie d'adulte, changent, plus ou moins, d'organes.

Il existe même toute une classe d'animaux vertébrés, les *batraciens* ou *amphibiens,* qui accomplissent, comme les insectes, leurs métamorphoses à l'extérieur. La grenouille se présente dans son premier âge, sous la forme de têtard : qui reconnaîtrait, de prime abord, la grenouille dans le têtard? Celui-ci, qui est le fœtus, a une queue; il est dépourvu de membres, il respire dans l'eau par des branchies. La grenouille, qui est l'animal adulte, n'a pas de queue, elle a des membres et elle respire dans l'air par des poumons.

Ce qui fait que, dans la plupart des animaux, les phénomènes de changement, de transition, de *métamorphose,* échappent aux yeux du vulgaire, c'est qu'ils s'opèrent dans l'œuf, dans la matrice; mais le physiologiste les retrouve partout.

Le fœtus se dépouille de ses organes par *dépérissement* ou *atrophie,* et par *résorption.*

Le *dépérissement* a lieu, par exemple, dans le fœtus de l'oiseau, quand le sang, se portant au poumon, l'allantoïde qui servait à la respiration se flétrit et tombe. Le second moyen de *dépouillement* est la *résorption*. La membrane ombilicale est résorbée, la queue du têtard disparaît par résorption, etc.

Il en est de même des branchies du têtard. On avait imaginé qu'elles se transformaient en poumons : c'était retomber dans la vieille erreur des *métamorphoses*. Les *branchies* se transforment si peu en *poumons* qu'il y a un moment où les poumons existent simultanément avec les branchies.

Le fœtus est donc, en quelque sorte, composé de deux corps; il a des organes doubles. Quand il passe de l'état de fœtus à l'état d'adulte, il se *dédouble*, en ce sens qu'il perd une partie de lui-même, qu'il perd sa *doublure*. C'est sur ce fait démontré que j'ai fondé, il y a environ vingt ans, ma théorie du *dédoublement organique*[1].

Dans tout ce que j'ai dit jusqu'ici touchant la *génération*, j'ai toujours supposé la *génération sexuelle* et à *sexes séparés*. Mais les deux sexes se

—————

1. Voyez mes *Mémoires d'anatomie et de physiologie comparées*. Paris, 1844.

trouvent souvent réunis dans le même individu. C'est ce qu'on nomme l'*hermaphrodisme*. Plusieurs mollusques sont *hermaphrodites* : la plupart des acéphales, par exemple, plusieurs gastéropodes, etc.

« Les mollusques, dit très-bien Cuvier, nous
« offrent toutes les variétés de génération. Plu-
« sieurs se fécondent eux-mêmes; d'autres, quoi-
« que hermaphrodites, ont besoin d'un accouple-
« ment réciproque; beaucoup ont les sexes
« séparés [1]. »

Au fond, et physiologiquement parlant, toutes ces *variétés* de génération ne sont que des variétés extérieures. Elles ne changent rien à l'essentiel de la génération. Ce sont plutôt des modes divers de *fécondation* que des modes divers de *génération*.

En 1740, Bonnet fit, sur la *génération*, une remarque des plus curieuses; il reconnut que les *pucerons* se reproduisent, un certain nombre de fois, sans fécondation. « Il lui parut bien dé-
« cidé, dit Réaumur, qu'un puceron qui, depuis
« l'instant de sa naissance, n'a eu aucun com-

1. *Le Règne animal*, t. III, p. 5. (Seconde édition.)

« merce avec ceux de son espèce, devient en état
« de mettre au jour des petits vivants [1]. »

Bonnet constata que les femelles des pucerons
peuvent donner jusqu'à neuf générations successives sans fécondation. Des observateurs récents
et habiles ont vu ces générations sans fécondation aller jusqu'à dix, jusqu'à onze; ils les
ont même vues se répéter et se prolonger pendant plusieurs années de suite, par cette seule
précaution de placer les insectes dans des
lieux maintenus à une température douce et
constante.

Tous les individus produits sans fécondation
sont des *femelles*.

Cependant il arrive un moment où des mâles
sont produits. La dernière génération de l'année
(génération automnale) donne des mâles et des
femelles.

Ces mâles et ces femelles se recherchent, s'unis-
sent, et, cette fois-ci, ce sont des œufs que la femelle pond. De vivipare elle est devenue ovipare.
Puis l'hiver passe, le printemps revient, les œufs
éclosent, et les jeunes femelles recommencent
leurs générations sans fécondation.

1. *Mémoires pour servir à l'histoire des insectes*, t. VI,
p. 533.

Un autre mode de génération, non moins singulier, est celui qui se voit dans certains mollusques acéphales, notamment dans les *salpa*. Les *salpa*, si habilement étudiés par Chamisso, donnent alternativement une génération d'*individus isolés* et une génération d'individus *agrégés*.

D'un autre côté, le *polype* pousse des *bourgeons* pendant l'été et donne des *œufs* pendant l'automne.

Il est tour à tour *ovipare* et *gemmipare*, comme le *puceron* est tour à tour *ovipare* et *vivipare*, comme les *salpa* donnent tour à tour des individus *isolés* et des individus *agrégés*.

Rapprochons ces trois ordres de faits, et nous arriverons ainsi, en suivant la route si ingénieusement ouverte par M. Steenstrup et M. Van Beneden, à l'idée si philosophique et si neuve des *générations alternantes*.

L'idée des *générations alternantes* ramène à une loi commune trois ordres de faits, jusqu'ici réputés isolés et seuls, chacun en son genre, et c'est pourquoi je l'appelle *philosophique* [1].

1. Voyez le très-remarquable *Discours* de M. Van Beneden, intitulé : *De l'homme et de la perpétuation des espèces dans les rangs inférieurs du règne animal.*

Enfin, à tous ces modes divers de génération il faut joindre encore la génération *scissipare*.

Vous vous rappelez tout ce que nous avons vu de la merveilleuse faculté qu'ont le polype, la naïde, etc., de se reproduire de morceaux, de boutures, comme les végétaux.

VINGT-QUATRIÈME LEÇON

Distribution, localisation des êtres sur la surface du globe.
— Travaux de Buffon. — Animaux de l'ancien et du nouveau continent. — *Diversité* et *parallélisme* des espèces. —
Unité du règne animal.

Nous avons étudié les deux premières questions de l'*ontologie naturelle* : la spécification des êtres et leur formation. Il nous reste à étudier les deux autres : la répartition des êtres sur le globe et leur succession dans les différents âges du globe.

Nous commençons par l'étude de la répartition actuelle des animaux sur le globe.

Cette étude nous donne la *géographie zoologique*[1].

1. Il y a aussi une *géographie botanique;* mais, ainsi que j'en ai averti dès le début de ces leçons, je ne m'occupe ici que du *règne animal.*

Les animaux sont-ils indifféremment dispersés sur la surface du globe? ou bien chaque espèce est-elle renfermée dans des limites déterminées, dans une *patrie naturelle*, comme dit Buffon?

Les diverses espèces animales ont chacune un sol natal, une patrie. On a remarqué de tout temps que, parmi les animaux, les uns sont localisés, cantonnés dans telle partie, les autres dans telle autre partie du globe. Nous voyons, dans Pline, des titres de chapitres qui sont comme un pressentiment vague de ce grand fait: *Indiæ terrestria animalia : Animalia Æthiopiæ: Animalia quæ genuit Africa*, etc. Pour les anciens, le fait se réduisait à une remarque vulgaire, superficielle, qui n'avait rien de scientifique, même dans la bouche de Pline, très-grand écrivain, mais assez faible naturaliste. Il y avait loin de là sans doute à la connaissance précise des lois qui marquent la résidence, la localisation, le sol des diverses espèces. Cette vue scientifique, inconnue à l'antiquité, a également échappé aux modernes jusqu'à Buffon. Voici comment, dans la longue et brillante suite de ses travaux, il y fut conduit.

J'ai parlé des circonstances qui firent de Buffon

un naturaliste. Appelé à l'intendance du Jardin du Roi, il commença par étudier le globe, habitation des êtres organisés, et qui, pris en soi, forme lui-même une partie de l'histoire naturelle. Buffon produisit d'abord sa *Théorie de la terre*. Il voulut s'élever ensuite jusqu'à saisir l'ensemble du système créé, c'est-à-dire du *monde*, auquel se rattache la terre, et il écrivit son célèbre discours sur la *Formation des planètes*. Enfin, il étudia la *vie* en général et les êtres vivants en particulier.

Dès l'*Histoire naturelle de l'homme,* il ouvre une carrière nouvelle aux études; il fonde l'*anthropologie*. Jusqu'alors on n'avait étudié dans l'homme que l'*individu*; le premier, il étudie l'*espèce*. Il démontre l'unité de l'*espèce* humaine, et en distingue les *variétés,* les *races*.

De l'homme, Buffon passe aux animaux. Ici quel ordre suivra-t-il? S'il était naturaliste dans toute la rigueur du terme, il adopterait sans aucun doute une des méthodes en usage; mais il ne les connaît pas. Il y a plus, il ne veut pas les connaître. Il se fait un plan, déterminé par la mesure de son savoir. Il va de ce qu'il sait à ce qu'il apprend. Après l'homme, il décrit les animaux qu'il connaît le mieux, les animaux domestiques : le cheval d'abord, puis l'âne, le bœuf, la chèvre, etc.

De là il passe aux animaux qui, sans être domestiques, vivent autour de nous : le cerf, le daim, le chevreuil, le loup, le renard, le blaireau, etc.

Buffon aborde enfin l'étude des animaux des climats étrangers. Ici, c'est l'idée de la grandeur qui d'abord l'attire. Il commence par le lion. Les naturalistes signalaient un lion dans le nouveau monde ; Buffon compare le lion de l'ancien continent avec le lion d'Amérique ou *puma*. Il voit bien vite que ce dernier ne réunit pas les caractères de l'animal que l'on a appelé le *roi des animaux*; il n'est donc pas de la même espèce, et les naturalistes se sont trompés. Buffon, toujours prompt à généraliser, et rarement aussi heureux que cette fois-ci, conçoit aussitôt l'idée que la même confusion pourrait bien exister à l'égard des autres espèces d'Amérique que l'on assimile aux nôtres. Il compare le tigre royal avec le tigre d'Amérique ou *jaguar* : l'erreur est la même. Il continue son travail de comparaison sur d'autres espèces de l'ancien et du nouveau continent, prétendues les mêmes : autant de comparaisons, autant d'erreurs reconnues.

Buffon découvre la source de toutes ces confusions : les premiers conquérants du nouveau monde trouvant, sur le sol conquis, des animaux qui se rapprochaient, en apparence, de ceux qu'ils connaissaient en Europe, leur donnèrent les mêmes noms : pour eux, le puma fut un lion, le jaguar un tigre, le lama un chameau. Ces dénominations inexactes se répandirent en Europe, et passèrent sans contrôle dans le langage scientifique. Pour me servir d'une des belles expressions de Buffon, « les noms avaient confondu les choses. »

En réalité, il n'y a en Amérique ni lion, ni tigre, ni chameau. L'éléphant, l'hippopotame, le rhinocéros, animaux de l'ancien continent, ne se trouvent pas non plus dans le nouveau. Buffon démêla tout ce chaos avec génie, et il en fit sortir cette belle loi, savoir : qu'*aucun animal du midi de l'un des deux continents ne se trouve dans le midi de l'autre.*

Cependant quelques faits semblaient contrarier la règle : on trouvait en Amérique des animaux de l'ancien continent, des chevaux, des chèvres, des cochons, des brebis et d'autres encore. Les espèces étaient incontestablement les mêmes. Buffon sut encore trouver ici l'explication très-naturelle des faits, et la voici : tous ces animaux provenaient des espèces domestiques d'Europe qui avaient été importées en Amérique par les Espagnols, dès les premiers temps de la conquête. Ils en avaient lâché un grand nombre dans les forêts et dans les plaines, et comme, par des violences et des cruautés que l'histoire a justement flétries, les conquérans avaient fait le vide autour d'eux, ces animaux, errant en liberté sur une terre qui leur était abandonnée, se multiplièrent rapidement : rendus à la vie sauvage, ils formèrent bientôt des troupeaux considérables.

Ce qui est certain, c'est qu'avant la conquête aucune de ces espèces n'existait en Amérique. Les Espagnols ne trouvèrent en Amérique ni chèvres, ni cochons, ni chiens, ni aucune des espèces devenues domestiques en Europe. Qui ne sait de quelle admiration mêlée d'effroi furent frappés les indigènes quand, pour la première fois, ils virent des Espagnols à cheval? Le cavalier leur paraissait faire corps avec l'animal énergique et docile qu'il dirigeait; ils croyaient n'avoir qu'un seul et même être devant les yeux.

Ainsi, l'exception disparaît; la règle de Buffon

est absolue : *Nul animal du midi de l'un des deux continents ne se trouve dans le midi de l'autre.*

Je quitte un moment Buffon et ses grands travaux pour vous parler d'un point de vue nouveau, et que je crois digne de votre attention [1].

Sans doute, les espèces d'Amérique ne sont pas les mêmes que celles de l'ancien monde; mais elles sont *parallèles.* Prenons pour exemple la tribu des singes : nous trouvons dans l'ancien continent le chimpanzé, l'orang-outang, le babouin, etc. Le nouveau continent ne nous offre ni champanzé, ni orang-outang, ni babouin, mais il a le sajou, le saïmiri, l'ouistiti, etc. Ce sont toujours des singes. Les espèces sont différentes, mais le type est le même.

Ce phénomène de parallélisme se reproduit pour une foule d'autres espèces. Parmi les animaux du genre félis, nous trouvons dans l'ancien continent : le lion, le tigre, la panthère; nous trouvons dans le nouveau : le puma, le jaguar, l'ocelot. De même pour les ruminans, nous avons, d'un côté : le chameau, le bœuf, etc.; de l'autre : l'alpaca, le lama, etc.

---

1. Voyez mon livre intitulé : *Histoire des travaux et des idées de Buffon,* p. 148. (Seconde édition).

Si, après avoir comparé entre elles les espèces vivantes, nous les comparons toutes ensemble avec les espèces fossiles, nous retrouvons encore dans ce rapprochement la loi du parallélisme. Les fossiles nous donnent des ruminants, des félis, des pachydermes qui se classent, comme groupes, à côté des ruminants, des félis, des pachydermes actuels.

Ainsi les espèces varient, mais elles sont parallèles. Espèces vivantes ou espèces mortes, espèces d'un continent ou espèces de l'autre, c'est toujours un même retour, un même fonds de types et un même cadre : *Le règne animal est un.*

VINGT-CINQUIÈME LEÇON

Suite des travaux de Buffon sur la localisation des espèces animales. — Animaux du nord de l'Amérique et du nord de l'Europe. — Vérification de la loi du parallélisme des espèces.

Les populations animales sont, comme nous avons vu, réparties et localisées dans les différentes régions du globe. L'étude des localités, par rapport aux animaux qui les habitent, forme la *géographie zoologique*. On appelle *faune* une population animale groupée dans une certaine région, de même qu'on appelle *flore* l'ensemble des plantes spéciales à telle ou telle contrée. Vous savez que c'est à Linné que nous devons ces noms gracieux, tirés de la Fable.

J'ai dit que Buffon avait posé cette règle qu'aucun animal du midi de l'un des deux continents ne se trouve dans le midi de l'autre ; règle que tous les faits confirment. Mais si l'on passe du midi au nord de l'Amérique, la règle n'est plus aussi complétement applicable. Le nord de l'ancien continent et celui du nouveau ont, dans leur population, quelques animaux de même espèce : on trouve dans les deux régions l'élan, le renne, le loup, le renard, le castor, etc. Buffon explique le fait par le voisinage des deux continents au pôle nord. Et, en effet, tandis qu'au midi les deux continents sont séparés par des mers immenses, ils ne le sont, au nord, que par un passage étroit, le détroit de Behring. Il faut ajouter que ce détroit étant presque toujours couvert de glaces, la solution de continuité n'existe pas, à proprement parler ; les animaux peuvent passer, sur les glaces, d'un continent à l'autre. Le détroit de Behring, produit de la rupture des deux continents, est, d'ailleurs, de formation relativement récente. Primitivement les deux continents n'en faisaient qu'un.

Toutes ces raisons sont bonnes sans doute, mais Buffon ne donne pas la véritable, la grande. On pourrait lui objecter, en effet, que l'Europe et l'Asie ne sont point séparées par des mers ;

elles *font continent,* et cependant la population animale de l'une et celle de l'autre sont très-distinctes.

La grande raison ici, c'est la *loi des climats* : où les climats sont différents, les populations animales sont différentes; où ils sont analogues, elles sont analogues.

Mais partout les populations, différentes comme *espèces,* peuvent être ramenées, je l'ai dit, à la loi de parallélisme comme *genres,* comme *ordres,* etc., à l'uniformité des types. Nos cadres zoologiques étaient faits quand la découverte de l'Amérique vint enrichir l'histoire naturelle d'une masse d'êtres nouveaux; les mêmes cadres les reçurent, ils entrèrent naturellement dans les groupes déjà formés. L'unité du règne animal pouvait-elle se manifester d'une manière plus évidente?

Nous avons pu facilement ranger dans des groupes parallèles les ruminants, les pachydermes, les félis de l'ancien et du nouveau continent. Pour retrouver les analogues de quelques autres espèces, il a fallu plus d'attention. Par exemple, l'ancien monde possède les fourmiliers. Ce sont de singuliers animaux, complétement édentés, pourvus d'une langue filiforme, très-extensible, et qu'ils font pénétrer dans les trous des fourmis, dans les nids des termites; quand elle est suffisamment chargée d'insectes, l'animal la retire et avale son butin. « Les fourmiliers sont obligés de tirer la langue pour vivre, » dit plaisamment Buffon.

Retrouverons-nous ce type dans le nouveau monde? Oui : si l'ancien monde nous offre le *pangolin* et le *phatagin*, nous trouvons en Amérique le *tatou*, le *tamanoir*, le *tamandua*. Tous ces animaux sont des *fourmiliers*. Entre le pangolin et le tatou l'analogie est même frappante : tous les deux sont remarquables par un test écailleux composé soit de pièces imbriquées, soit de compartiments en mosaïque.

Encore un exemple : l'Amérique possède un genre d'animaux plus curieux que tous ceux que je viens de citer, le genre des *paresseux*. L'unau et l'aï, qui appartiennent à ce groupe, sont d'une lenteur de mouvements, d'une paresse à peine imaginable.

Quand, après une longue série d'efforts, ils sont parvenus à grimper sur un arbre, ils le dépouillent de toutes ses feuilles pour s'en nourrir; puis, pour s'épargner la peine de descendre de l'arbre, ils s'en laissent choir. L'anatomie de ces animaux

18.

nous découvre la cause de la lenteur extrême
de leurs mouvements : leurs principales artères
ne constituent pas un seul et gros tronc, un
tronc unique. Le tronc se divise en un grand
nombre d'artérioles qui forment pinceau. Or,
plus la marche du sang est rapide, plus l'énergie
musculaire est grande ; et vous concevez que la
marche du sang, rapide quand il traverse un
seul et gros vaisseau, se ralentit nécessairement
quand il faut qu'il s'engage dans un faisceau d'artérioles ou de petites artères.

Les analogues des paresseux se retrouvent
également dans l'ancien monde et, chose singulière, nous les retrouvons dans un groupe
d'animaux qui se distinguent, entre tous, par
leur vivacité, par leur pétulance, dans le groupe
des singes. Les *loris*, ou singes paresseux, com-
prennent deux espèces : le *paresseux du Bengale*
et le *loris grêle*.

Les *loris* ont à peu près la même lenteur de
mouvements que l'unau et l'aï, lenteur qui contraste avec leur physionomie éveillée ; et nous
retrouvons aussi dans les *loris* la même disposition des troncs artériels en pinceaux d'artérioles.

Toutefois l'Amérique a des animaux tout à
fait inconnus à l'ancien monde : les *animaux*

à bourse ou *marsupiaux*. La loi de parallélisme va-t-elle s'arrêter ici? Non, nous retrouvons les *animaux à bourse* dans la Nouvelle-Hollande, et, tandis que l'Amérique n'a qu'un seul genre de la classe des *marsupiaux* (les sarigues), ces mêmes *marsupiaux* forment la population mammifère presque tout entière de la Nouvelle-Hollande.

La loi de parallélisme règne donc partout.

VINGT-SIXIÈME LEÇON

Géographie physiologique. — Trois continents déterminés
par les faunes. — Ornithorhynque, échidné.

Nous savons que les espèces animales ne sont
pas dispersées au hasard sur le globe, que chacune
d'elles a une patrie naturelle, un sol natal.

C'est là ce que j'appelle la *géographie physiologique,* d'où : 1° la géographie botanique ou la
science du globe par rapport à la distribution
des végétaux ; 2° la géographie zoologique ou la
science du globe par rapport à la répartition des
animaux.

Nous avons vu que Buffon, le vrai fondateur de
la géographie zoologique, a distingué, démêlé
deux grands centres de populations animales,

l'ancien continent et le nouveau. Il en est un troisième, l'Australie ou Nouvelle-Hollande, dont la population, très-caractérisée, se compose presque exclusivement de *marsupiaux*.

Ce caractère de marsupialité me permet de reconstituer zoologiquement l'Australie. Je réunis au continent australien les terres voisines où je trouve des marsupiaux : telles sont les Célèbes, les Moluques, la terre de Van Diemen. On aurait beau dire que ces pays sont séparés de l'Australie par des mers : c'est là une séparation qui, comme celle des deux grands continens, est récente dans l'histoire du globe, accidentelle ; elle ne doit pas nous masquer l'unité zoologique du continent australien.

D'un autre côté, j'écarte l'idée, beaucoup trop légèrement admise, d'un continent océanien. Les géographes ont réuni sous le nom d'*Océanie*, dans un même groupe, toutes les îles de la mer du Sud, îles qui diffèrent entre elles par leurs faunes aussi bien que par la nature de leur sol. L'agrégation que les géographes en ont faite est tout artificielle. J'ai déjà restitué au continent australien une partie de ces îles. D'autres, Bornéo, Sumatra, Java, toutes les îles de la Sonde, en un mot, doivent, au contraire, être rattachées à l'Asie : le caractère qui nous guide, celui des faunes, est le même.

Madagascar appartient à l'Afrique.

Le nord du nouveau monde est asiatique, malgré le détroit de Behring. Nous retrouvons dans les deux régions les mêmes animaux, l'élan, le renne, l'ours ; nous y retrouvons la même race humaine.

Ainsi, nous avons trois grands centres d'agrégations animales :

1° L'ancien continent : c'est la patrie de tous les grands animaux, comme l'éléphant, le lion, le rhinocéros, la girafe, l'orang-outang. Tous nos animaux domestiques lui appartiennent ;

2° Le nouveau continent : il renferme des espèces non pas identiques — il s'en faut bien, elles sont toutes différentes —, mais parallèles à celles de l'ancien continent. Les animaux y sont d'une taille réduite : le plus grand pachyderme américain est le tapir ; il a la taille d'un fort sanglier. Quelle différence si l'on compare le tapir à notre grand pachyderme, l'éléphant ! En Amérique, le plus grand ruminant est l'alpaca ; le plus grand félis, le jaguar, etc. ;

3° Le continent australien : il se distingue par ses marsupiaux et par deux singulières espèces,

ou plutôt par deux singuliers genres, l'ornithorhynque et l'échidné.

Le trait commun qui frappe tout d'abord dans
ces deux genres d'animaux, classés, jusqu'ici
du moins, parmi les mammifères, c'est qu'ils
ont un véritable *cloaque*, comme les oiseaux,
c'est-à-dire une ouverture unique pour toutes
leurs excrétions, d'où le nom de *monotrèmes,*
donné à l'*ordre* qu'on en a formé.

On croit déjà connaître deux espèces d'orni-
thorhynques et deux espèces d'échidnés; mais
peut-être (et c'est M. Cuvier qui le pense) ne
sont-ce que des variétés d'âge.

Le premier naturaliste qui ait décrit l'ornithorhynque est Blumenbach ; il l'appela *Orni-
thorhynchus paradoxus.* On ne pouvait mieux
dire : le nom d'*ornithorhynque* (ὄρνις, oiseau,
ρύγχος, bec) est justifié par un véritable bec
d'oiseau, bec semblable à celui d'un canard, et
ayant comme celui-ci des dentelures sur les côtés.
L'épithète *paradoxus* est aussi très-exacte : rien
de plus paradoxal en apparence que l'ornithorhynque. Nous avons vu que ce mammifère a un
cloaque et un bec. Ajoutons que ce bec a deux
dents, bien caractérisées.

Comme l'oiseau encore, l'ornithorhynque a, tout

ensemble, une clavicule et un os coracoïdien. Par une sorte d'opposition, après avoir montré des caractères qui le rapprochent de l'oiseau, il va nous en offrir d'autres qui le rapprochent du didelphe ; le bassin de l'ornithorhynque porte en avant, sur le pubis, deux os analogues aux os marsupiaux.

L'ornithorhynque a les pieds garnis en dessous de membranes qui dépassent les doigts et même les ongles. Les pieds postérieurs présentent, au tarse, un ergot acéré, percé d'un trou : on a prétendu que cet ergot verse une liqueur vénéneuse, mais rien n'est moins sûr.

Nous trouvons, dans l'échidné, des caractères qui lui sont communs avec l'ornithorhynque ; mais il n'a pas, comme lui, un bec élargi ; il l'a pointu et sans dents. L'échidné a une langue extensible ; c'est un véritable fourmilier. Il présente d'ailleurs les deux os marsupiaux, une clavicule et un os coracoïdien, un cloaque.

Les *monotrèmes* appartiennent-ils à la classe des mammifères ou à la classe des oiseaux ? Dans le principe, cela fit question parmi les naturalistes ; aujourd'hui il semble qu'on peut être moins indécis.

Remarquons d'abord que ces animaux sont

couverts de poils; c'est un caractère qui n'appartient qu'aux mammifères. Avec des poils, une espèce d'échidné a des épines; mais cette circonstance ne change rien au caractère : on sait que le porc-épic, qui est un mammifère, est couvert d'épines. Anatomiquement, les épines peuvent être ramenées au type des poils.

Remarquons ensuite que les monotrèmes ont quatre pattes; c'est un caractère qui les sépare des oiseaux; tous les oiseaux ont des ailes ou des vestiges d'ailes; aucun n'a quatre pattes.

Enfin des observateurs attentifs, Meckel entre autres, qui ont fait l'anatomie des monotrèmes, n'ont pas douté qu'ils n'eussent des mamelles.

De tout cela nous pouvons conclure, presque à coup sûr, que les monotrèmes sont des mammifères.

Au sujet de ces animaux, M. de Blainville a émis une idée heureuse : il en fait un degré de l'échelle des êtres, et dès lors les anomalies apparentes des monotrèmes disparaissent pour faire place à une signification analogique; ils forment, suivant M. de Blainville, le lien, le passage entre les mammifères et les oiseaux. L'épithète de *paradoxal*, donnée par Blumenbach à l'ornithorhynque, ne serait plus applicable.

Je ne terminerai pas ces études de géographie zoologique sans faire remarquer que le midi de l'Asie et le midi de l'Afrique forment comme deux centres particuliers, et où nous retrouvons deux natures parallèles : chacun a un éléphant d'espèce différente; chacun a un rhinocéros qui lui est propre; en Asie, on trouve le tigre, en Afrique le lion; l'Asie possède l'orang-outang, l'Afrique le chimpanzé. Mais toujours les types se répètent.

Enfin, les *races* humaines ont été soumises à la localisation, comme le sont les *espèces* animales. Chacune des quatre grandes races habite une partie du monde : la race blanche l'Europe, la race jaune l'Asie, la race noire l'Afrique, la race rouge l'Amérique.

VINGT-SEPTIÈME LEÇON

Loi des climats. — Causes qui modifient la température :
1° altitude ; 2° humidité. — Acclimatation des animaux.
— Amélioration de nos espèces domestiques. — Loi des
migrations.

Nous avons vu que les populations animales
sont localisées, et comme *parquées*, dans les
diverses régions du globe. Nous connaissons
les faits. Mais quelles sont les causes de ces
faits ?

Quelle est la cause de la localisation des êtres
vivants? C'est la *loi des climats*. Chaque espèce
vit dans les contrées dont le climat lui est favorable.

Mais quelle est la cause des climats? C'est la
température.

Si enfin, remontant de cause en cause, nous
nous demandons d'où vient la température, nous

reconnaîtrons qu'elle est un effet de la chaleur solaire.

Je ne parle que de la chaleur solaire : nous verrons, en effet, que la chaleur, venant du centre de la terre à sa surface, est si faible qu'il est permis de n'en pas tenir compte.

On pourrait donc croire, *à priori*, que tout se réduit là, et que le climat de chaque contrée est plus ou moins chaud, suivant qu'elle est plus ou moins directement exposée à l'influence des rayons solaires; et, dans ce cas, les climats seraient donnés par les latitudes.

Il n'en est pas tout à fait ainsi : il y a deux causes qui troublent, qui modifient l'action solaire relativement au climat. Ces causes sont : 1° l'altitude des lieux; 2° la présence des eaux ou l'humidité.

L'*altitude* modifie la température. Une montagne fort élevée présente, à ses diverses hauteurs, des degrés très-différents de température, et par conséquent une série, une échelle de climats superposés. Bénédict de Saussure a trouvé que, sur le mont Blanc, la température à mesure que l'on s'élève, décroît de 1 degré par 90 toises. Dans sa fameuse ascension aérostatique, M. Gay-Lussac a observé les faits suivants :

Son thermomètre marquait, en quittant Paris, + 30°.

A 2,500 toises. 0°.

A 3,000 toises. — 3°.

L'*humidité* est une autre cause troublante. Buffon avait remarqué la différence que présentent les espèces animales et les races humaines du midi de l'Amérique, comparées à celles du midi de l'Afrique.

Les races humaines de ces deux contrées diffèrent d'abord par le *crâne,* ce qui, en fait de races humaines, est toujours le caractère distinctif le plus essentiel; elles diffèrent ensuite par leur coloration, par leur *pigmentum :* l'Américain et l'Africain ont tous les deux une couche pigmentale très-abondante; mais, dans l'Américain, cette couche est cuivrée, et dans l'Africain elle est noire.

Quant aux espèces animales, elles diffèrent essentiellement, et jusque dans leur taille : les espèces américaines, nous l'avons vu, sont toutes, relativement aux grandes espèces de l'Ancien Continent, des espèces réduites.

Ces différences tiennent au *climat,* qui n'est pas le même au midi des deux continents, malgré l'identité de *latitude.* Les deux causes que j'indique ici, l'*humidité* et l'*altitude,* produisent deux *climats* différents dans deux lieux, qui sont pourtant situés sous la même *latitude,* sous la même *zone.*

Il est curieux, il est instructif de voir le même sujet traité, à un demi-siècle d'intervalle, par deux esprits supérieurs : Buffon et M. de Humboldt.

« Dans le Nouveau Continent, dit Buffon, la tem-
« pérature des différents climats est plus égale
« que dans l'Ancien Continent; c'est par l'effet
« de plusieurs causes; il fait beaucoup moins
« chaud sous la zone torride en Amérique, que
« sous la zone torride en Afrique; les pays com-
« pris sous cette zone en Amérique, sont : le
« Mexique, la Nouvelle-Espagne, le Pérou, la
« Terre des Amazones, le Brésil et la Guyane.
« La chaleur n'est jamais fort grande au Mexi-
« que, à la Nouvelle-Espagne et au Pérou, parce
« que ces contrées sont des terres extrêmement
« élevées au-dessus du niveau ordinaire de la
« surface du globe; le thermomètre, dans les
« grandes chaleurs, ne monte pas si haut au
« Pérou qu'en France; la neige qui couvre le
« sommet des montagnes refroidit l'air, et cette
« cause, qui n'est qu'un effet de la première,
« influe beaucoup sur la température de ce

« climat; aussi les habitants, au lieu d'être
« noirs ou très-bruns, sont seulement basanés.
« Dans la Terre des Amazones il y a une pro-
« digieuse quantité d'eaux répandues, de fleuves
« et de forêts; l'air y est donc extrêmement
« humide et par conséquent beaucoup plus
« frais qu'il ne le serait dans un pays sec. D'ail-
« leurs, on doit observer que le vent d'Est qui
« souffle constamment entre les tropiques n'ar-
« rive au Brésil, à la Terre des Amazones et à la
« Guyane qu'après avoir traversé une vaste mer,
« sur laquelle il prend de la fraîcheur qu'il porte
« ensuite sur toutes les terres orientales de l'Amé-
« rique équinoxiale; c'est par cette raison, aussi
« bien que par la quantité des eaux et des forêts,
« et par l'abondance et la continuité des pluies,
« que ces parties de l'Amérique sont beaucoup
« plus tempérées qu'elles ne le seraient en effet
« sans ces circonstances particulières.

Voilà pour les terres situées sous la zone torride en Amérique. Voici pour les terres situées
sous la même zone en Afrique.

« ... Tous les observateurs s'accordent à dire
« qu'en Nubie la chaleur est excessive : les
« déserts sablonneux qui sont entre la haute
Égypte et la Nubie échauffent l'air au point

« que le vent du nord des Nubiens doit être
« un vent brûlant... Au Sénégal, le vent d'est
« ne peut arriver qu'après avoir parcouru toutes
« les terres de l'Afrique dans leur plus grande
« largeur, ce qui doit le rendre d'une chaleur
« insoutenable. Si l'on prend donc en général
« toute la partie de l'Afrique qui est comprise
« entre les tropiques où le vent d'est souffle
« plus constamment qu'aucun autre, on concevra
« aisément que toutes les côtes occidentales de
« cette partie du monde doivent éprouver et
« éprouvent en effet une chaleur bien plus
« grande que les côtes orientales, parce que le
« vent d'est arrive sur les côtes orientales avec la
« fraîcheur qu'il a prise en parcourant une vaste
« mer, au lieu qu'il prend une ardeur brûlante
« en traversant les terres de l'Afrique avant que
« d'arriver aux côtes occidentales de cette partie :
« ainsi les côtes du Sénégal, de Sierra-Léone,
« de la Guinée, en un mot, toutes les terres occi-
« dentales de l'Afrique, qui sont situées sous la
« zone torride, sont les climats les plus chauds
« de la terre [1]. »

« Un des objets de la géographie générale qui
« récompense le mieux des efforts qu'il coûte,

1 T. II, p. 211 et suivantes.

« consiste, dit M. de Humboldt, à rapprocher la
« constitution physique de régions séparées par
« de vastes intervalles, et à indiquer en quelques
« traits les résultats de cette comparaison. Des
« causes diverses, en partie peu étudiées jusqu'à
« ce jour, tendent à diminuer la sécheresse et
« la chaleur du Nouveau Continent.

« Le peu de largeur des terres découpées en
« tout sens dans la partie tropicale de l'Amérique
« du Nord, où la base liquide de l'atmosphère fait
« monter dans les régions supérieures un cou-
« rant d'air moins chaud; l'étendue longitu-
« dinale du continent, qui se prolonge jusque
« vers les deux pôles glacés; le vaste Océan où se
« déploient sans obstacle les vents les plus frais
« des tropiques; l'abaissement des côtes orien-
« tales; les courants d'eau froide qui, sortant de
« la région antarctique, se dirigent d'abord du
« sud-ouest au nord-ouest, vont se briser contre
« les côtes du Chili, sous le 35e degré de latitude
« méridionale, remontent vers le nord, le long
« des côtes du Pérou jusqu'au cap Pariña, et enfin
« se détournent brusquement vers l'ouest; le
« grand nombre de chaînes de montagnes abon-
« dantes en sources, dont le sommet couvert de
« neige s'élève bien au-dessus de toutes les cou-

« ches des nuages et font descendre des courants
« d'air le long de leurs versants, la multitude et
« la largeur prodigieuse des fleuves qui, après un
« grand nombre de sinuosités, vont chercher
« toujours, pour se jeter dans la mer, les côtes
« les plus lointaines; des steppes dépourvus de
« sable, et par là moins prompts à s'échauffer;
« les forêts dont est remplie la plaine entrecoupée
« de fleuves qui avoisine l'équateur, forêts impé-
« nétrables qui protégent la terre contre le soleil
« ou n'en laissent passer les rayons qu'en les ta-
« misant à travers leur feuillage, et, dans l'inté-
« rieur du pays, aux lieux les plus distants de la
« mer et des montagnes, exhalent dans l'air d'é-
« normes masses d'eau qu'elles ont aspirées ou
« produites elles-mêmes par l'acte de la végéta-
« tion : toutes ces circonstances assurent aux
« basses terres du Nouveau Monde un climat qui,
« par son humidité et sa fraîcheur, contraste sin-
« gulièrement avec celui de l'Afrique. Elles sont
« les seules causes de cette sève exubérante, de
« cette végétation vigoureuse, caractère distinctif
« du continent américain.

« ... Sans doute l'Amérique du Sud offre, si
« l'on considère son contour extérieur et la di-
« rection de ses côtes, une ressemblance frap-

« pante avec la péninsule qui termine au sud-
« ouest l'Ancien Monde. Mais la structure inté-
« rieure du sol africain et la situation de ce pays
« par rapport aux masses continentales qui l'en-
« tourent, produisent l'excessive sécheresse qui,
« dans des espaces immenses, s'oppose au déve-
« loppement de la vie organique. Les quatre cin-
« quièmes de l'Amérique méridionale sont situés
« au delà de l'équateur, par conséquent dans un
« hémisphère qui, en raison de l'accumulation
« des eaux et par beaucoup d'autres causes, est
« plus frais et plus humide que l'hémisphère
« septentrional auquel appartient au contraire la
« partie la plus considérable de l'Afrique[1]. »

De très-habiles naturalistes avaient observé,
de bonne heure, les différences de température
que produit l'altitude. Tournefort, en gravis-
sant le mont Ararat, y avait distingué trois climats successifs, un climat chaud, un climat
tempéré, un climat froid. L'ascension du Liban
avait révélé à Labillardière la même variété de
climats. Enfin, M. de Humboldt donna à cette
vue un grand caractère de précision. Il ob-

1. *Tableaux de la nature,* t. I, p. 11 et suivantes.

serva, sur le Chimborazo, trois climats superposés, dont chacun sert de *sol natal,* de *patrie*, à une population animale distincte : à la base de la montagne vivent les animaux des pays chauds, les singes, les paresseux, les cabiais; plus haut, les espèces propres aux climats tempérés, le tapir, le pécari, etc.; plus haut encore et près du sommet, l'alpaca, la vigogne, animaux des pays froids.

Pour qu'un animal puisse s'acclimater, il est nécessaire qu'il trouve dans le pays où on le transporte les conditions de température de son pays natal. Et cette nécessité doit s'entendre dans un sens absolu : rien ne supplée à la température, ni les soins, ni le régime. Jamais nous ne viendrons à bout d'acclimater dans nos régions, relativement froides, les singes, les lions, etc., animaux des pays chauds. Les singes que nous avons à la Ménagerie meurent tous de phthisie pulmonaire.

Les seules espèces dont on puisse entreprendre l'acclimatation, avec espoir de succès, sont celles de pays à température à peu près égale à celle des pays où l'on veut les importer. La loi d'*acclimatation,* est celle des *températures assorties.*

Nulle conquête n'est plus douce à faire que

celle d'une espèce nouvelle, utile ou même de simple ornement. On pourra acclimater, quand on le voudra, l'*alpaca*, si on le trouve plus utile que le *mérinos* (chose douteuse), le *tapir*, si on le trouve plus utile que le *cochon*, etc.

Mais, tout en souhaitant que de nouvelles espèces soient acclimatées, je voudrais surtout qu'on s'occupât de l'amélioration et de la multiplication de nos espèces domestiques. Celles-là sont acclimatées; le difficile est fait. On les néglige parce qu'on les a. Quel sujet cependant plus digne d'intérêt! Les animaux domestiques sont la véritable richesse d'un pays. Ils travaillent la terre pour nous; et c'est d'eux-mêmes que nous tirons la meilleure partie de notre nourriture et de nos vêtements.

Après la loi d'*acclimatation*, vient la loi des *migrations*.

La loi d'*acclimatation* et celle des *migrations* tiennent toutes deux à la grande loi de la *distribution des êtres* sur le globe. Ce sont aussi des lois *géographiques*. On n'acclimate que par le rapport des *patries*; et la loi des migrations, c'est-à-dire des *espaces à parcourir*, n'est pas moins fixe que celle des *espaces à habiter*.

Je ne parle ici que des grandes et périodiques *migrations*, des *migrations* proprement dites, et que présentent seules les deux classes des *oiseaux* et des *poissons* : les oiseaux, qui ont à leur disposition le domaine des airs, et les poissons, qui ont à leur disposition le domaine des mers.

Tout, dans ces voyages immenses, est déterminé : le point de départ, le but, l'époque, la route.

Chaque année, nous voyons, à de légères variations près, provoquées par les variations mêmes des températures, nous arriver ou nous quitter, les diverses espèces d'oiseaux voyageurs qui abordent nos climats ; les fauvettes, les hirondelles, les cailles, les cigognes, les grues, etc.

Tous les ans des légions de harengs, de sardines, de maquereaux, de thons, de squales, etc., quittent les mers les plus éloignées pour venir se répandre ou s'établir momentanément sur nos côtes.

Un instinct admirable détermine ces animaux, les guide, leur marque la route à travers les flots et les vents. Ces routes mobiles sont les *climats prolongés* des espèces qui les parcourent.

VINGT-HUITIÈME LEÇON

Succession des êtres. — Période *brute* et période *vivante* dans l'histoire de la terre. — Idées de Descartes et de Leibnitz sur l'incandescence primitive du globe.

Nous voici arrivés à l'étude de la quatrième des grandes questions de l'ontologie positive, savoir : la *succession des êtres* dans les différents âges du globe. Après la *néontologie,* nous allons étudier la *paléontologie.*

Nous connaissons la distribution des animaux actuels sur le globe. Mais les animaux actuels ont-ils toujours existé? Non; les espèces actuelles ont été précédées par d'autres espèces, autrement distribuées sur le globe, et que de nombreuses révolutions ont successivement détruites. Ces mêmes révolutions, en bouleversant la surface de la terre, ont accumulé les ruines qui forment le sol sur lequel nous vivons aujourd'hui, sol encore à peine affermi : les tremblements de terre, les volcans qui font explosion par intervalles sont les échos affaiblis des grandes commotions d'autrefois.

L'histoire du globe comprend deux périodes : celle où la vie n'a point encore paru — je l'appelle période *brute*; — et celle où la vie s'est manifestée — je l'appelle période *vivante*.

Je suivrai, pour l'examen de ces périodes, non point l'ordre des temps, mais l'ordre de nos découvertes, le progrès de notre science.

Le premier fait qui nous ait révélé un passé différent de l'état actuel, c'est la découverte des coquilles marines sur la terre sèche. Pour peu que l'on fouille le sol, on en trouve partout, même à de grandes distances de la mer, même à des hauteurs très-considérables.

La mer, à une certaine époque, a donc couvert la terre actuellement sèche ; et elle y a laissé, en se retirant, ces coquilles, dépouilles de ses anciens habitants.

Les couches de terre qui recèlent les coquilles marines sont, par elles-mêmes, d'autres témoins du séjour de la mer ; c'est, en effet, le travail des eaux, ce sont les sédiments des eaux qui les ont formées : aussi les voyons-nous disposées en lignes horizontales.

Autre circonstance essentielle : ces couches horizontales viennent expirer au pied des montagnes, et là nous trouvons d'autres couches plus ou moins verticales. Or, dans le principe, ces couches obliques ou verticales ont été déposées horizontalement ; une cause quelconque (cause que je vous ferai connaître plus tard) les a *redressées*. Elles plongent sous les premières, où nous avons trouvé ces lits de coquilles, et contiennent elles-mêmes aussi des coquilles, mais d'espèces et même de genres fort différents.

Les eaux ont donc séjourné sur la terre à diverses époques.

Il y a même un ordre constant selon lequel nous découvrons les restes fossiles, en fouillant le sol ; les couches supérieures nous offrent des restes de mammifères ; plus profondément, nous trouvons des débris de reptiles, puis des débris de poissons, et puis des coquilles, des crustacés, etc. Les couches recélant des animaux marins alternent avec les couches qui recèlent des animaux terrestres.

20.

Nous sommes fondés à conclure de tout cela, qu'à différentes reprises la mer a successivement recouvert la terre, et l'a successivement abandonnée. Il est facile, en suivant les indices fournis par les débris des espèces perdues, de concevoir ce qui s'est passé à ces époques antérieures à toute histoire : les eaux, en se déplaçant violemment d'un côté, laissaient à sec une population marine, et, de l'autre, submergeaient une population terrestre. Effroyables destructions auxquelles en succédaient d'autres non moins effroyables : la mer, reprenant son ancien lit, y trouvait des animaux terrestres qu'elle anéantissait à leur tour ; tandis que, derrière elle, d'innombrables animaux marins périssaient sur son nouveau lit, rendu à la terre sèche.

Telle a été la période *vivante*.

Enfin, si nous fouillons à une plus grande profondeur encore, arrivés aux terrains primitifs, à ce qui constitue la *charpente* du globe, nous ne trouvons plus de débris d'animaux. Il y a donc eu une époque où la vie n'existait pas sur le globe ; et ceci est la période *brute*.

Ces deux périodes nous offrent deux ordres d'action très-différents.

Dans la période *vivante*, l'eau est le grand agent qui opère. C'est l'eau qui a produit les couches successives des sédiments terrestres, et qui a façonné, pour ainsi dire, le globe dans son enveloppe la plus externe. Durant la période *brute*, l'agent qui opérait est le feu. Tout porte la preuve que, dans l'origine, ce globe a été incandescent, brûlant, liquéfié par le feu dans toute sa masse.

Le feu et l'eau, voilà les deux forces qui ont, tour à tour, agi : un des principaux objets de la géologie est de démêler aujourd'hui, dans la contexture du globe, ce qui fut l'effet du feu de ce qui a été l'effet de l'eau.

Primitivement, le globe était incandescent. Descartes est le premier qui l'ait dit. Vous vous rappelez sa fameuse définition de la terre : *la terre est un soleil encroûté.*

Mais, chez Descartes, cette conception d'une terre d'abord *soleil* ne dérive, en aucune façon, de l'examen direct des phénomènes naturels : c'est une simple application spéculative de certaines lois physiques qu'il avait imaginées; c'est une dépendance de son système fameux des *tourbillons*[1].

1. Le système des *tourbillons* était, au xviie siècle, le sujet sérieux des plus graves préoccupations de Fontenelle. Voyez

Leibnitz est arrivé à la même conception que Descartes, mais par une voie toute différente, par l'observation.

Les matières fondues et, comme il s'exprime, *vitrifiées*, que présente le globe, lui avaient donné l'idée d'un incendie primitif et général. Dans son traité intitulé : *Protogæa* [1], il nous dit que la terre et les autres planètes étaient, dans le principe, des étoiles lumineuses par elles-mêmes. Après avoir brûlé longtemps, elles se sont éteintes, faute de matière combustible, et

sa *Théorie des tourbillons*, sa *Pluralité des mondes*, etc. Au XVIIIe, Voltaire s'en moqua. Voyez *Dialogues d'Evhémère* : « EVHÉMÈRE : Cardestes (Descartes) a deviné que notre nid a été d'abord un soleil encroûté. — CALLICRATE : Un soleil encroûté ! Vous voulez rire. — EVHÉMÈRE : C'est ce Cardestes sans doute qui riait quand il disait que nous avons été autrefois un soleil composé de matière subtile et de matière globuleuse, mais que, nos matières s'étant épaissies, nous avons perdu notre brillant et notre force : nous sommes tombés, d'un tourbillon dont nous étions le centre et les maîtres, dans le tourbillon du soleil d'aujourd'hui ; nous sommes tout couverts de matière rameuse et cannelée ; enfin, d'astres que nous étions, nous sommes devenus lune, ayant par faveur autour de nous une autre petite lune pour nous consoler dans notre disgrâce. »

1. La *Protogæa* parut, pour la première fois, en 1682, dans les *Actes de Leipzig*. M. Bertrand de Saint-Germain vient d'en donner une traduction française.

sont devenues des corps opaques. Le feu a produit, par la fonte des matières, une croûte vitrifiée. La base de toute la matière qui compose le globe terrestre est du verre, ou de la nature du verre : *facilè intelligas vitrum esse velut terræ basin* [1].

Si la présence dans le sein de la terre de matières *vitrifiées*, c'est-à-dire primitivement fondues par le feu, avait révélé à Leibnitz l'incandescence primitive de la terre, une autre observation, celle de la dispersion des coquilles fossiles sur toute la surface des continents, lui avait donné l'idée d'une submersion générale. Quand la croûte de la terre fut refroidie, nous dit-il, les parties humides, qui s'étaient élevées en forme de vapeurs, retom-

1. *Protogæa*, p. 5 (édition de Scheidius). — .... Adjuvant conjecturam extantia adhuc vestigia primi naturæ vultus. Nam omnis ex fusione scoria *vitri* est genus; scoriæ autem assimilari debuit crusta, quæ fusam globi materiam velut in metalli furno obtexit, induruitque post fusionem. Talem vero esse globi nostri superficiem reapse experimur. Omnes enim *terræ* et *lapides* igne vitrum reddunt, sed tanto magis quanto propius ad rudis saxi speciem accedunt. — .... Sed nobis hoc loco satis est, admoto, humana arte, efficacissimo agentium igne, *terrestria in vitro finiri*. Ipsa magna telluris ossa, nudæque illæ rupes, atque immortales silices, cum tota ferè in vitrum abeant... (p. 4).

bèrent, et, enveloppant tout le globe, constituè-
rent les mers.

Ainsi, Leibnitz avait tiré de l'observation ces
deux grands faits, la conflagration et la submersion du globe.

Ces idées ne firent pas alors grande sensation.
Le siècle n'était pas préparé à les recevoir. La
Protogæa, écrite en latin, ne sortit pas des cabi-
nets des savants. Il fallait, pour le triomphe des
idées de Leibnitz, que Buffon les reprît dans la
seconde moitié du xviiie siècle, et leur prêtât une
puissance nouvelle, celle de l'éloquence.

VINGT-NEUVIÈME LEÇON

Formation du globe; les deux opinions de Buffon à ce sujet.
— Origine de la terre et des planètes; hypothèse de
Buffon; hypothèse de Laplace.

J'ai exposé les idées de Descartes et celles de
Leibnitz sur la formation du globe.

Avant d'arriver à Buffon, nous trouvons Burnet (1681), Woodward (1695) et Whiston (1708).
Burnet, Woodward, Whiston, n'ont guère fait que
des hypothèses plus ou moins sensées ou hasar-
dées. Il faut reconnaître, toutefois, que la science
doit à Woodward de bonnes observations; il fit
surtout bien connaître l'action puissante de l'eau
sur le globe.

Les idées touchant ce grand sujet n'étaient
encore, pour ainsi dire, qu'à l'état de germe.

C'est Buffon qui va leur donner une véritable vie.

Buffon a eu, sur la formation du globe, deux opinions, ou plutôt deux théories très-diverses. Il a exposé l'une dans sa *Théorie de la terre,* l'autre dans ses *Époques de la nature.*

Dans le premier de ces deux travaux, Buffon attribue la formation du globe uniquement à l'action de l'eau : « Ce sont, dit-il, les eaux rassem-
« blées dans la vaste étendue des mers qui, par le
« mouvement continuel du flux et du reflux, ont
« produit les montagnes, les vallées et les autres
« inégalités de la terre; ce sont les courants de
« la mer qui ont creusé les vallons et élevé les
« collines en leur donnant des directions corres-
« pondantes; ce sont ces mêmes eaux de la mer
« qui, en transportant les terres, les ont dispo-
« sées les unes sur les autres en lits horizon-
« taux; et ce sont les eaux du ciel qui peu à peu
« détruisent l'ouvrage de la mer, qui rabaissent
« continuellement la hauteur des montagnes,
« qui comblent les vallées, les bouches des fleuves
« et les golfes, et qui, ramenant tout au niveau,
« rendront un jour cette terre à la mer qui
« s'en emparera successivement, en laissant à
« découvert de nouveaux continents entrecou-

« pés de vallons et de montagnes, et tout sem-
« blables à ceux que nous habitons aujour-
« d'hui [1]. »

Voici, selon Buffon, comment se fait une montagne : la mer, dans le moment qu'elle est agitée
par le flux, arrache de la côte des fragments
de terre et de rochers. Parvenus dans des endroits où le mouvement de l'eau se trouve ra-
lenti, ces fragments, obéissant aux lois de la
pesanteur, se précipitent au fond de l'eau en
forme de sédiment. Là ils forment une première
couche; celle-ci est bientôt recouverte par une
seconde, produite par la même cause; sur
celles-là viennent se déposer successivement
d'autres couches. Le dépôt, augmentant toujours,
finit par former une montagne au milieu de
la mer.

Cette manière commode de former les montagnes prêtait beaucoup aux objections. Deluc la
combattit très-facilement. Ce sédiment déposé,
que vous supposez apporté par le flot, disait Deluc, un autre flot le remportera; un flot défera
ce que l'autre aura fait, et votre montagne ne se
fera pas. Mais admettons un moment qu'une

1. T. I, p. 65.

montagne ait pu se produire de cette manière :
elle sera seulement *posée* sur le sol. Or, les
montagnes y ont des racines, et très-profondes.
Autre difficulté : formées dans la mer, les montagnes resteront toujours dans la mer ; car comment en sortiraient-elles ?

A son tour, Voltaire plaisanta. C'est à l'hypothèse de Buffon qu'il fait allusion quand il dit :

> Et les mers des Chinois sont encore étonnées
> D'avoir par leurs courants formé les Pyrénées.

Après trente ans de travail, et du travail le plus
énergique, Buffon produisit enfin les *Époques de
la nature*. Dans ce bel ouvrage, il saisit, il marque l'ordre des temps : le premier agent, dans
l'ordre des temps, c'est le feu ; le second agent,
c'est l'eau. Une des plus admirables idées que la
science ait conçues, la belle, la grande idée de
la *chronologie* du globe est, pour la première
fois, nettement posée.

Ici, ce n'est plus à l'action de l'eau, c'est à l'action du feu que Buffon rapporte la formation des
montagnes. Sur une masse de métal fondu et
commençant à se refroidir, il se forme des boursouflures, des rides, des aspérités. Ce sont ces

boursouflures, ces aspérités, ces rides, qui au moment où la matière ignée du globe prenait consistance, ont été les premières montagnes.

Je n'ai pas besoin de dire que ce n'est pas tout à fait ainsi que se sont passées les choses; car, à ce compte, toutes les montagnes auraient été formées en même temps, et cela n'est pas : les montagnes ont eu des époques successives de formation. Toutefois, Buffon se rapprochait ici de la vérité. Le feu a eu plus de part que l'eau dans la formation des montagnes.

« Comparons, dit-il, les effets de la consolida-
« tion du globe de la terre en fusion à ce que
« nous voyons arriver à une masse de métal ou
« de verre fondu, lorsqu'elle commence à se re-
« froidir : il se forme à la surface de ces masses,
« des trous, des ondes, des aspérités; et, au-des-
« sous de la surface, il se fait des vides, des cavi-
« tés, des boursouflures, lesquels peuvent nous
« représenter ici les premières inégalités qui se
« sont trouvées sur la surface de la terre et les
« cavités de son intérieur; nous aurons dès lors
« une idée du grand nombre de montagnes, de
« cavernes et d'anfractuosités qui se sont formées

« dès ce premier temps dans les couches exté-
« rieures de la terre [1]. »

Rien de plus éloquent que le début, et, si je
puis ainsi parler, que le premier élan des *Époques de la nature :*

« Comme, dans l'histoire civile, on consulte
« les titres, on recherche les médailles, on dé-
« chiffre les inscriptions antiques, pour déter-
« miner les époques des révolutions humaines,
« et constater les dates des événements moraux;
« de même, dans l'histoire naturelle, il faut
« fouiller les archives du monde, tirer des en-
« trailles de la terre les vieux monuments,
« recueillir leurs débris et rassembler en un
« corps de preuves tous les indices des change-
« ments physiques qui peuvent nous faire re-
« monter aux différents âges de la nature. C'est
« le seul moyen de fixer quelques points dans
« l'immensité de l'espace, et de placer un cer-
« tain nombre de pierres numéraires sur la
« route éternelle du temps.....

« Comme il s'agit ici de percer la nuit des
« temps, de reconnaitre, par l'inspection des
« choses actuelles, l'ancienne existence des cho-

---

1. T. IX, p. 495

« ses anéanties et de remonter par la seule force
« des faits subsistants à la vérité historique des
« faits ensevelis; comme il s'agit, en un mot,
« de juger non-seulement le passé moderne,
« mais le passé le plus ancien par le seul présent,
« et que, pour nous élever jusqu'à ce point de
« vue, nous avons besoin de toutes nos forces réu-
« nies; nous emploierons trois grands moyens :
« 1° les faits qui peuvent nous rapprocher de
« l'origine de la nature ; 2° les monuments qu'on
« doit regarder comme les témoins de ces pre-
« miers âges; 3° les traditions qui peuvent nous
« donner quelque idée des âges subséquents ;
« après quoi nous tâcherons de lier le tout par
« des analogies et de former une chaîne qui, du
« sommet de l'échelle du temps, descendra jus-
« qu'à nous [1]. »

Quelques pages plus loin, Buffon établit l'état
de fluidité par lequel a passé le globe : la terre,
renflée à l'équateur et aplatie aux pôles, a précisément la figure que prendrait un globe fluide
qui tournerait sur lui-même avec la vitesse que
nous connaissons au globe terrestre. Nul doute
que cette fluidité n'ait été une liquéfaction causée

1. T. IX, p. 455.

par le feu : la liquéfaction ignée est attestée par la chaleur intérieure du globe, encore actuellement subsistante, et par la nature *vitrescible* des matières qui composent la partie la plus profonde de l'écorce de la terre.

La formation des matières calcaires *est d'un autre temps et d'un autre élément :* Buffon les fait provenir (et en ceci il se trompe) des coquilles et des débris des animaux de la mer.

Buffon passe ensuite à la division des époques de la nature. Voici le titre de chaque époque :

1re époque : lorsque la terre et les planètes ont pris leur forme ;

2e époque : lorsque la matière, s'étant consolidée, a formé la roche intérieure du globe, ainsi que les grandes masses vitrescibles qui sont à sa surface ;

3e époque : lorsque les eaux ont couvert nos continents ;

4e époque : lorsque les eaux se sont retirées et que les volcans ont commencé d'agir ;

5e époque : lorsque les éléphants et les autres animaux du.midi ont habité les terres du nord ;

6e époque : lorsque s'est faite la séparation des continents ;

7ᵉ époque : lorsque la puissance de l'homme a secondé celle de la nature.

C'est ainsi que Buffon, selon ses belles expressions, « du sommet de l'échelle du temps descend jusqu'à nous. »

A chacune de ces époques il assigne une durée. La durée totale des époques ou l'âge de la terre, à compter de son point d'incandescence jusqu'à nos jours, serait de 75,000 ans; la *vie* de la nature sensible durerait depuis 35,000 ans. Buffon avait été conduit à ces conjectures par de nombreuses expériences qu'il avait faites, dans ses forges de *Buffon*, sur le temps que des boulets chauffés mettent à se refroidir, expériences suivies de longs calculs. Les boulets ou globes, ainsi chauffés, étaient en fer, en cuivre, en pierre calcaire, en gypse, en verre, etc.

Ainsi appuyé sur des expériences à demi sérieuses, et plus que téméraire dans ses déductions, quoique toujours judicieux, Buffon suppute la durée future de la nature vivante : elle ne peut pas, d'après ses hypothèses, dépasser 93,000 ans, époque, dit-il, où le globe, continuant à subir la loi du refroidissement, *sera plus froid que la glace.*

Buffon croyait que la chaleur que le *feu central*

envoie à la surface de la terre, était *considérable-ment* plus grande que celle qui nous vient du soleil. Il ne voyait, dans la chaleur solaire, qu'un *très-petit complément* de la chaleur terrestre.

Cela n'est point. La vérité est même, à la lettre, le contre-pied de cela; et c'est ce qu'a démontré Fourier, l'illustre auteur de la *Théorie mathématique de la chaleur*.

Il est bien vrai que la terre recèle dans son sein un foyer de chaleur. En effet, si la chaleur de la terre venait uniquement des rayons solaires, elle aurait nécessairement ce caractère de décroître à mesure qu'on s'éloignerait de sa source; et c'est aussi ce qui s'observe, à mesure qu'on s'enfonce dans la terre, jusqu'à une certaine profondeur. Mais, passé une certaine profondeur, le fait se renverse; au lieu de diminuer, la chaleur augmente : de là la température élevée des mines, les sources d'eau chaude, les feux des volcans. La chaleur *interne* et propre du globe s'accroît de 1 degré centigrade par 20 mètres. On a calculé qu'à sept ou huit lieues de profondeur, par exemple (l'accroissement de chaleur continuant à se faire dans la même proportion), il n'existe aucune matière qui pût n'être pas en fusion.

Voilà donc deux foyers de chaleur, l'un sur nos têtes, l'autre sous nos pieds. Mais ce dernier foyer qui, dans le principe, embrasait tout le globe et rayonnait dans l'espace, trouve, depuis longtemps, un obstacle, un écran, dans la croûte épaissie de ce même globe : immense encore au centre, il est à peine sensible à la surface. D'après Fourier, la chaleur centrale de la terre n'agit plus à la surface que pour *un trentième de degré,* c'est-à-dire à peu près pour rien.

Ainsi, c'est le soleil qui, aujourd'hui, est la grande source de chaleur pour la terre. Le globe terrestre peut arriver, impunément pour la vie, au dernier degré de son refroidissement ; la vie n'aura point à en souffrir : on peut voir, dès aujourd'hui même, que la chaleur du soleil lui suffit.

Historien de notre planète, Buffon ne se contente pas de plonger, dans le passé, jusqu'à l'époque où la vie n'y était pas encore, et, dans l'avenir, jusqu'à l'époque où la vie n'y sera plus ; il a voulu remonter jusqu'au temps qui a précédé l'existence individuelle et propre de notre globe, à *ce temps qui a précédé les temps.*

Il pense que la terre (ainsi que toutes les autres planètes) a commencé par appartenir au corps même du soleil, et ceci est la vue de Descartes et de Leibnitz ; mais il ajoute qu'elle en a été séparée par le choc d'une comète, et cela ne peut être admis. « On sait, par la théorie des « forces centrales, dit Laplace, que, si un corps, « mû dans un orbe rentrant autour du soleil, « rase la surface de cet astre, il y reviendra « constamment à chacune de ses révolutions ; « d'où il suit que si les planètes avaient été « primitivement détachées du soleil, elles le « toucheraient à chaque retour vers cet astre, « et leurs orbites, loin d'être circulaires, se- « raient fort excentriques[1]. » D'un autre côté, on sait parfaitement aujourd'hui qu'une comète n'aurait pas assez de masse pour détacher un fragment du soleil.

L'hypothèse de Laplace paraît plus à l'abri de toute grave objection. Je ne puis ici que l'indiquer. Laplace suppose qu'en vertu d'une chaleur excessive, l'atmosphère du soleil s'est primitivement étendue au delà des orbes de toutes les planètes. Cette atmosphère s'est ensuite resserrée successivement jusqu'aux limites où elle se trouve aujourd'hui ; et l'on peut conjecturer qu'elle a

---

1. *Exposition du système du monde*, t. II, p. 432.

laissé, à chacune de ses limites successives, des
zones de vapeurs condensées qui, abandonnées
à elles-mêmes, ont continué à circuler autour du
soleil. « Mais comment, dit Laplace, l'atmosphère
« solaire a-t-elle déterminé les mouvements de
« rotation et de révolution des planètes et des
« satellites? Si ces corps avaient pénétré profon-
« dément dans cette atmosphère, sa résistance
« les aurait fait tomber sur le soleil; on peut
« donc conjecturer que les planètes ont été for-
« mées à ses limites successives, par la conden-
« sation des zones de vapeurs, qu'elle a dû, en se
« refroidissant, abandonner dans le plan de son
« équateur[1]. »

Enfin, Laplace, après Descartes, Leibnitz et
Buffon, admet, non plus comme une hypothèse,
mais comme un fait démontré, la fluidité primitive des planètes : « Elle est clairement indiquée,
« dit-il, par l'aplatissement de leur figure, con-
« forme aux lois de l'attraction mutuelle de
« leurs molécules; elle est, de plus, prouvée,
« pour la terre, par la diminution régulière de
« la pesanteur, en allant de l'équateur aux pôles.
« Cet état de fluidité primitive, auquel on est

1. *Exposition du système du monde*, t. II, p. 435.

« conduit par les phénomènes astronomiques,
« doit se manifester dans ceux que l'histoire na-
« turelle nous présente[1]. »

Nous verrons plus tard que les *phénomènes de
l'histoire naturelle* répondent en effet, sur ce point,
et comme le pensait Laplace, aux *phénomènes
astronomiques*.

1. *Exposition du système du monde*, t. II, p. 443.

TRENTIÈME LEÇON

Vue physiologique des coquilles fossiles. — Hypothèse des Jeux de la nature, imaginée par la philosophie scolastique; combattue par Bernard Palissy.

Nous avons marqué la *chronologie* du globe. Primitivement il était incandescent, fluide; pendant une longue suite de siècles, pas un être animé n'aurait pu vivre à sa surface; l'eau n'existait qu'à l'état gazeux et dans l'atmosphère. Peu à peu le globe s'est attiédi, sa partie extérieure s'est solidifiée; la vapeur d'eau s'est condensée et précipitée, les mers se sont formées. La vie a paru. A plusieurs reprises le feu central, mal contenu dans sa frêle enveloppe, l'a soulevée; par suite, les mers se sont déplacées et ont amené d'immenses destructions d'êtres vivants. Toutes ces ruines, tous ces décombres constituent le sol que nous foulons aujourd'hui.

Telle a été la série des révolutions du globe.

Passons à l'étude de ses anciens et premiers habitants.

C'est à l'occasion des coquilles fossiles qu'est née la première idée du déplacement des mers. Cette grande idée du déplacement des mers, les anciens l'ont eue comme nous, et c'est le même fait qui la leur avait donnée : la dispersion des coquilles marines sur la terre sèche. On trouve partout des traces de cette idée : dans Strabon, dans Sénèque, dans Pline, etc. Ovide nous dit (*Métamorphoses*, liv. XV) :

> Vidi ego quod fuerat quondam solidissima tellus,
> Esse fretum : vidi fractas ex æquore terras,
> Et procul à pelago conchæ jacuere marinæ,
> Et vetus inventa est in montibus anchora summis;
> Quodque fuit campus, vallem decursus aquarum
> Fecit, et eluvie mons est deductus in æquor.

Ovide ne doutait pas, comme vous voyez, que la mer n'eût recouvert la terre sèche : toute l'antiquité prenait, sans difficulté, les coquilles fossiles pour de vraies coquilles.

La seule philosophie scolastique, qui voulait entendre finesse à tout, s'avisa de prendre les

coquilles fossiles pour des *jeux de la nature;* la
nature *se jouait* à donner aux pierres des ressemblances avec les animaux.

Le premier qui combattit l'erreur absurde des
jeux de la nature fut un potier de terre, homme
de génie, Bernard Palissy. C'est Bernard Palissy qui a fait à Paris le premier cours d'histoire
naturelle qu'on y ait entendu (1575). Il nous apprend lui-même que, ne sachant ni grec ni
latin, il aurait été *fort aise* de connaître les
opinions des philosophes touchant ces matières :

« J'eusse été fort aise, dit-il, d'entendre le latin
« et lire les livres desdits philosophes pour ap-
« prendre des uns et contredire aux autres; et
« estant en ce débat d'esprit, je m'advisay de
« faire mettre des affiches par les carrefours de
« Paris, afin d'assembler les plus doctes méde-
« cins et autres, auxquels je promettois mons-
« trer en trois leçons tout ce que j'avois conneu
« des fontaines, pierres, métaux et autres na-
« tures. Et, afin qu'il ne s'y trouvast que des plus
« doctes et des plus curieux, je mis en mes affi-
« ches que nul n'y entreroit qu'il ne baillast un
« escu à l'entrée desdites leçons et cela faisoy-je en
« partie pour voir si, par le moyen de mes au-

« diteurs, je pourrois tirer quelque contradiction,
« qui eust plus d'asseurance de vérité que non
« pas les preuves que je mettois en avant ; sça-
« chant bien que si je mentois, il y en auroit de
« Grecs et de Latins qui me résisteroyent en
« face, et qui ne m'épargneroient point, tant à
« cause de l'escu que j'avois pris de chascun, que
« pour le temps que je les eusse amusés; car il
« y auroit bien peu de mes auditeurs qui n'eus-
« sent profité de quelque chose, pendant le temps
« qu'ils estoyent à mes leçons.

« Voilà pourquoi je dis que, s'ils m'eussent
« trouvé menteur, ils m'eussent bien *rembarré :*
« car, j'avois mis par mes affiches que, partant
« que les choses promises en icelles ne fussent
« véritables, je leur rendrois le quadruple. Mais,
« grâces à mon Dieu, jamais homme ne me con-
« tredit d'un seul mot[1]. »

En dépit de Palissy, de ses leçons, de son cabinet (de ce cabinet où il avait rassemblé les
preuves de ses leçons), l'erreur des *jeux de la
nature* n'en persista pas moins. Voltaire la sou-
tenait encore au XVIIIᵉ siècle. « Le *jeu de la nature,*
« (dit-il en propres termes), a imprimé aux

---

1. *OEuvres de Bernard Palissy*, p. 75. (Édition de Faujas
de Saint-Fond.)

« pierres la ressemblance imparfaite de quelques
« animaux[1]. »

Pour me servir d'une expression de Palissy
lui-même, comme Palissy l'eût *rembarré!* « Il
« ne faut que tu penses, lui eût-il dit, que les-
« dites coquilles soyent formées, comme aucuns
« disent que *nature se joue* à faire quelque chose
« de nouveau. Quand j'ai eu de bien près re-
« gardé aux formes des pierres, j'ai trouvé que
« nulle d'icelles ne peut prendre forme de co-
« quille ny d'autre animal, si l'animal même n'a
« basti sa forme[2]. »

Mais, il y a plus : nous trouvons les coquilles,
tantôt libres, tantôt engagées dans la pierre.

Comment se trouvent-elles ainsi engagées, en-
veloppées dans la pierre ?

Stenon se posa ce problème dans son livre :
De solido intrà solidum contento (1669). Évidemment
la coquille ne peut se trouver dans la pierre,
que parce que celle-ci a commencé par être à
l'état liquide ou de pâte molle. En se solidifiant,
la pierre a saisi la coquille et l'a gardée empri-
sonnée.

« Il faut conclure, disait Palissy avant Ste-

1. *Les Singularités de la Nature.* Chap. i.
2. *OEuvres de Palissy*, p. 88.

« non, que, auparavant que lesdites coquilles
« fussent pétrifiées, les poissons qui les ont for-
« mées estoyent vivans dedans l'eau,... et que
« depuis l'eau et les poissons se sont pétrifiés
« en même temps, et de ce ne faut douter[1]. »

Selon M. Agassiz, on connaît aujourd'hui plus
de quarante mille espèces de coquilles fossiles.
On en connaît de toutes les dimensions, d'à
peine visibles au microscope[2], et d'immenses. Il y
a des *cornes d'Ammon* grandes comme des roues
de voiture. C'est à la vue de ces énormes *coquilles*
que Buffon conçut l'idée des *espèces perdues :* « Il
« peut se faire, dit-il, qu'il y ait eu de certains
« animaux dont l'espèce a péri : ces coquillages
« pourraient être du nombre[3]. »

Il est vrai que le genre entier des *ammonites,*
des *cornes d'Ammon,* est fossile. Mais combien
d'autres genres du même ordre, de l'ordre des
céphalopodes, sont aujourd'hui vivants! A côté
des *ammonites* sont les *nautiles :* « Les fossiles,
« dit Cuvier, nous offrent des *nautiles* de taille
« grande ou médiocre, et de formes plus va-

---

1. *OEuvres de Palissy,* p. 90.

2. Ceci est surtout vrai des *infusoires fossiles* à carapace
siliceuse, si bien étudiés par M. Ehrenberg.

3. T. I, p. 154.

« riées que ceux que produit la mer actuelle[1]. »

Et d'ailleurs, combien de genres, dans tous les ordres de coquillages, dont une partie des espèces est fossile et l'autre partie vivante : les *nautiles*, que je viens de nommer, les *térébratules*, les *turritelles*, les *cérithes*, les *gryphées*, les *moules*, les *corbules*, les *cames*, etc., etc. ! Je demande une raison physiologique pourquoi un seul des coquillages fossiles, et un quelconque, ne pourrait pas vivre aujourd'hui, et pourquoi un seul des coquillages d'aujourd'hui, et un quelconque, n'aurait pas pu vivre alors.

1. *Le Règne animal*, t. III, p. 18.

TRENTE ET UNIÈME LEÇON

Vue physiologique des poissons fossiles.

Des *coquilles fossiles*, passons aux *poissons fossiles*.

En 1706, Leibnitz, nommé depuis peu[1] l'un des huit associés étrangers de notre Académie des sciences, lui faisait une communication, pleine d'intérêt, touchant les *représentations* de diverses espèces de poissons et de plantes trouvées dans des veines d'ardoises du pays de Brunswick. C'est précisément à l'occasion de ces *représentations* très-délicates, très-fines, sans aucune épaisseur, qu'est née l'idée des *jeux de la nature*. Leibnitz explique d'abord comment il conçoit que : « quelque eau

---

1. Depuis 1699.

« bourbeuse s'est durcie en ardoise, et que la
« longueur du temps, ou quelque autre cause, a
« détruit la matière délicate du poisson ou de la
« plante, à peu près de la même manière dont les
« corps des mouches et des fourmis, que l'on
« trouve enfermés dans l'ambre jaune, ont été
« dissipés et ne sont plus rien de palpable, mais
« de simples délinéations. » Il ajoute ensuite,
avec ce tour ingénieux qui s'associe si bien, chez
lui, à un grand esprit, « qu'on peut imiter cet
« effet d'une manière assez curieuse... On prend,
« dit-il, une araignée, ou quelque autre animal
« convenable, et on l'ensevelit dans l'argile, en
« gardant une ouverture qui entre du dehors
« dans le creux. On met la masse au feu pour la
« durcir; la matière de l'animal s'en va en cen-
« dres, qu'on fait sortir par le moyen de quelque
« liqueur. Après quoi on verse, par l'ouverture,
« de l'argent fondu, qui, étant refroidi, laisse
« au dedans de la masse la figure de l'animal
« assez bien représentée en argent. »

Les poissons fossiles n'ont guère été étudiés,
d'une manière suivie, que tout récemment.
Cuvier s'était préparé, par l'étude si complète
qu'il a faite des poissons vivants, à celle des
poissons fossiles. Le temps lui a manqué pour ce

dernier travail. C'était une lacune dans la *paléon-tologie* des animaux vertébrés. M. Agassiz l'a remplie par son ouvrage célèbre intitulé : *Re-cherches sur les poissons fossiles*[1].

Un des caractères distinctifs de la classe des poissons est d'avoir une peau garnie d'écailles, de forme et de structure diverses. C'est de cette diversité de forme et de structure qu'a profité M. Agassiz pour distinguer et distribuer ses groupes, qu'il établit au nombre de quatre : les *Placoïdes*, les *Ganoïdes*, les *Cténoïdes*, et les *Cycloïdes*.

Mais une classification des poissons, ainsi fondée sur des parties à ce point superficielles, sur les écailles, peut-elle être bonne ?

« Je me suis de plus en plus convaincu, dit
« M. Agassiz, de cette vérité qui fait maintenant
« la base de tous les travaux sur les fossiles, que
« l'étude d'une partie du corps, d'un organe, ou
« d'un système d'organes quelconque, poursuivie
« dans tous ses détails, fait toujours découvrir
« des rapports de corrélation de plus en plus
« intimes entre cette partie et toutes les autres,
« rapports sans la connaissance desquels il serait

---

1. Neuchâtel, 1833-1843, 5 vol. in-4 et atlas de 400 plan-ches in-folio.

« impossible, pour les fossiles, de suppléer aux
« parties du corps qui n'ont point encore été
« observées. Dès lors, j'ai acquis la conviction
« que le caractère nominatif de mes princi-
« pales coupes (le caractère tiré des *écailles*) n'était
« pas un simple caractère extérieur, mais bien
« un reflet visible de toute l'organisation inté-
« rieure. »

Les naturalistes comptent environ huit mille
espèces vivantes de poissons. M. Agassiz n'en
compte pas moins de vingt-cinq mille espèces
fossiles.

Ainsi, la nature fossile nous offre, parmi les
poissons, vingt-cinq mille espèces; elle nous
offre quarante mille espèces parmi les coquilles.
Voilà des nombres prodigieux. Ce qui est plus
remarquable encore, c'est que, pour les poissons
des plus anciens temps, les *lois,* c'est-à-dire
les *conditions intrinsèques* de la vie, étaient les
mêmes que pour les poissons d'aujourd'hui.
C'étaient les mêmes tissus, les mêmes organes, les mêmes propriétés, les mêmes fonctions, les mêmes rapports des organes avec
les fonctions : un même fonds d'organisation, un
même fonds de vie, un même fonds de variations
et d'analogies, une même chaîne de connexions

nécessaires : « Les lacunes sont trop sensibles et
« trop nombreuses, dit M. Agassiz, lorsqu'on ne
« tient pas compte des fossiles, pour que les
« zoologistes puissent, à l'avenir, se dispenser
« de les énumérer simultanément avec les espèces
« vivantes dans leurs tentatives de classification.
« Aussi bien, en les omettant, on n'obtient que
« des cadres en lambeaux, et l'on n'arrive qu'à
« une exposition incomplète du plan de la créa-
« tion des êtres organisés [1]..... »

1. *Recherches sur les poissons fossiles*, t. I, p. 168.

TRENTE-DEUXIÈME

ET

TRENTE-TROISIÈME LEÇONS

Vue physiologique des reptiles fossiles.

Nous n'avons observé, jusqu'ici, que des mollusques et des poissons, c'est-à-dire des animaux aquatiques.

En remontant dans les couches sédimentaires, les premiers êtres à respiration aérienne que l'on découvre sont des reptiles, et des reptiles très-singuliers.

La découverte de ces animaux (du moins pour les plus étonnants) n'était pas encore faite en 1812, lorsque Cuvier, rassemblant ses différents mémoires, les publiait sous le titre de : *Recherches sur les ossements fossiles*.

En 1814, un anatomiste anglais, sir Everard Home, fit connaître un animal fossile qui parut étrange, car il participait du reptile et du poisson. Il avait les vertèbres plates et concaves des deux côtés, ce qui le rapprochait des poissons. Mais, d'autre part, il avait de véritables narines; il avait respiré l'air atmosphérique; il avait quatre membres; la forme de sa tête était celle de la tête d'un lézard; enfin, les os des membres, aplatis et rapprochés les uns des autres comme des pavés, rappelaient, par leur conformation, les nageoires des cétacés.

Pour exprimer le double caractère qu'offrait l'animal, sir Everard Home l'appela *ichthyosaurus* (ἰχθύς poisson, σαῦρος lézard).

Un ichthyosaurus, l'*ichthyosaurus communis*, avait jusqu'à vingt pieds de longueur et cent vingt-six vertèbres.

En 1821, M. Conybeare découvrit un autre reptile, très-remarquable aussi, le *plésiosaurus*. Il a plusieurs rapports avec l'ichthyosaurus : ses extrémités offrent les mêmes analogies avec les nageoires des cétacés. Il a une tête relativement très-petite, et un cou très-long, composé de trente à quarante vertèbres.

Le plus grand des reptiles fossiles, qu'on ait

encore trouvés, est le *mégalosaurus*. Cuvier croit que sa taille pouvait atteindre jusqu'à 16 et 18 mètres. Il fut découvert par M. Buckland en 1818.

On trouve les ossements de ces reptiles en Allemagne et en France; mais c'est surtout en Angleterre qu'ils abondent, et c'est de là que nous en sont venues les premières descriptions.

Parmi tant de reptiles fossiles, j'indique seulement les plus remarquables par eux-mêmes ou par les noms des hommes illustres à qui nous en devons la découverte.

Le *crocodilus priscus*, découvert en 1814 dans les schistes de la Franconie, a été décrit pour la première fois par Sœmmering.

C'est par les recherches de Camper qu'a commencé l'étude du *mosasaurus*, ce gigantesque reptile de la montagne de Saint-Pierre, près Maëstricht, qui comptait plus de cent trente vertèbres à son épine.

L'*iguanodon* nous présente cette singularité, qu'il avait des dents qui s'usaient par la mastication, comme les dents des mammifères herbivores.

Le *ptérodactyle* était un reptile volant : il était pourvu d'un long doigt portant une membrane qui se déployait en aile, et de là le nom même de de ptérodactyle (πτερόν aile , δάκτυλος doigt).

Sœmmering et Cuvier eurent un petit débat à l'occasion du *ptérodactyle*. Sœmmering prenait le *ptérodactyle* pour une chauve-souris. Cuvier reconnut que c'était un reptile.

Dans ses vues de plan suivi, d'unité du règne, M. de Blainville plaçait les *ichthyosaurus* et les *plésiosaurus* entre les reptiles proprement dits et les amphibiens, et il plaçait les *ptérodactyles* entre les oiseaux et les reptiles ; c'étaient autant de chaînons retrouvés parmi les groupes fossiles pour relier entre eux les groupes vivants.

Il me reste à vous parler d'un reptile qui, dans le siècle dernier, avait donné lieu à une méprise célèbre.

Dès qu'on eut commencé à faire de ces étonnantes découvertes d'animaux fossiles, une sorte de curiosité ardente, impatiente, s'empara des esprits. On ne désespéra pas de trouver des hommes fossiles. Il devait s'en trouver, disait-on : le déluge n'avait-il pas fait périr un grand nombre d'êtres humains ?

En 1726, un naturaliste, d'ailleurs très-savant, J.-J. Scheuchzer, apprend qu'on vient de trouver, dans les schistes d'Œningen, des ossements fos-

siles qui présentent de grandes analogies avec
un squelette humain. Il se hâte de les aller voir
et ne doute pas, dès l'abord, qu'il n'ait devant
les yeux un homme fossile. Dans l'explosion de
sa joie, il écrit tout d'un trait, sur sa découverte,
un livre intitulé : *Homo diluvii testis*, où il dit :
« *Il est indubitable* que le schiste d'OEningen con-
« tient une moitié ou peu s'en faut du squelette
« d'un homme; que la substance même des os,
« et, qui plus est, des chairs, y est incorporée
« dans la pierre; en un mot, que c'est une des
« reliques les plus rares que nous ayons de cette
« race maudite qui fut ensevelie sous les eaux. »

L'opinion de J.-J. Scheuchzer dominait encore
lorsque Cuvier, ayant étudié ces ossements, reconnut que l'homme fossile d'OEningen était
une *salamandre*.

Rien dans l'ensemble des *êtres fossiles*, comparé à l'ensemble des *êtres vivants*, ne paraît plus
fait pour donner l'idée de deux *règnes* séparés,
que l'extrême dissemblance qui se trouve entre
certains *reptiles fossiles* et la plupart des *reptiles
vivants*.

Mais d'abord, parmi ces anciens reptiles, si
différents des nôtres, il s'en trouvait beaucoup

qui en différaient très-peu : des lézards, « très-
« semblables, dit Cuvier, aux grands monitors
« qui vivent aujourd'hui dans la zone torride; »
des crocodiles, des tortues, soit de mer, soit d'eau
douce, etc., etc., qui ne se distinguaient de nos
crocodiles et de nos tortues qu'à titre de genres
et d'espèces; et, en second lieu, à s'en tenir
même aux dissemblances les plus extrêmes, que
prouvent-elles? qu'il y a deux règnes? Non,
puisque, bien comprises, elles rentrent dans le
plan suivi d'un seul et unique règne, et viennent,
comme dit M. de Blainville, « relier entre eux les
« groupes vivants par des groupes fossiles. »

TRENTE-QUATRIÈME LEÇON

Vue physiologique des mammifères fossiles. — Idées fausses
auxquelles la découverte de leurs ossements a donné lieu.
— Animaux du Midi découverts en Sibérie par Gmelin,
Pallas, Adams. — La paléontologie créée par Cuvier.

Des ossements fossiles de grands mammifères ont été trouvés de bonne heure; mais
les premiers observateurs les prirent pour des
restes de géants humains. C'étaient les débris
d'une race de géants qui nous avait précédés.
Nous étions une race dégénérée.

En 1613, on découvrit dans le Dauphiné des
os gigantesques. Un chirurgien du pays, nommé
Mazurier, les achète et les apporte à Paris.
Là il en fait une exhibition publique; et,
pour exciter la curiosité, il assure qu'on les

a trouvés dans un tombeau de trente pieds de long qui portait pour inscription : *Teutobochus rex.* Ces ossements n'étaient donc rien moins que les restes du fameux Teutobochus, roi des Cimbres, que Marius défit dans le midi de la Gaule. Nous avons aujourd'hui, au Muséum, les prétendus os du roi Teutobochus. C'étaient les os d'un *mastodonte*[1].

Il n'est pas jusqu'à la ridicule idée des *jeux de la nature* qui n'ait reparu à propos des ossements fossiles des mammifères. En 1696 on découvrit à Tonna, dans le duché de Gotha, des dents, des vertèbres et des côtes d'éléphant. Les médecins du pays, consultés par le duc de Gotha, déclarèrent unanimement que ces os étaient des *jeux de la nature*.

Avec le xviiie siècle commencent enfin les études sérieuses.

En 1733, Gmelin (Jean-Georges) explore la Sibérie, par ordre du gouvernement russe. Il y

---

1. Tout près de nous, l'hypothèse des *os de géants* régnait encore dans le siècle dernier. Le garde-meuble de la couronne de France possédait, comme une de ses raretés les plus curieuses, un os qu'on supposait avoir appartenu à un géant. Daubenton montra qu'il fallait n'y voir qu'un radius de girafe.

trouve un nombre énorme d'ossements fossiles de mammifères.

Gmelin était un excellent observateur, et, de plus, il savait saisir les grands points de vue. C'est par un de ces points de vue supérieurs qu'il fixe aux monts Ourals la ligne *zoologique* qui sépare l'Europe de l'Asie. « C'est, dit-il, au delà « des monts Ourals et du fleuve Jaïk que l'aspect « du pays, les plantes, les animaux, l'homme « enfin, et tout ce qui l'entoure, prennent une « physionomie nouvelle. »

En 1768, Pallas succède à Gmelin dans l'exploration de la Sibérie. Son voyage dure six années. Parti de Saint-Pétersbourg le 21 juin 1768, il y rentre le 30 juillet 1774. Avant de partir, il avait soigneusement étudié les ossements fossiles rassemblés au musée de Saint-Pétersbourg ; il s'était, en quelque sorte, orienté pour les recherches qu'il allait faire.

Pallas trouva, comme Gmelin, une prodigieuse quantité d'ossements d'éléphants, de rhinocéros, d'hippopotames, etc. La relation de son voyage parut, et l'on y vit ce fait, à peine croyable, d'un rhinocéros, trouvé tout entier, près du fleuve Wiliouï, avec sa peau, ses chairs, ses tendons, etc. Ce corps s'était conservé dans la terre gelée.

Lorsque Pallas arriva à Irkoutsk, il y trouva encore deux pieds et la tête, et les reconnut, du premier coup d'œil, pour appartenir à un rhinocéros. La tête était couverte de son cuir; les paupières n'étaient pas tout à fait tombées en corruption; sous la peau, des parties charnues putréfiées existaient encore. Pallas remarqua aux pieds des restes très-sensibles de tendons et de cartilages.

Un fait, tout pareil, devait se reproduire encore quelques années plus tard, et c'est Cuvier qui va nous le raconter :

« En 1799, un pêcheur Tongouse remarqua,
« dit-il, sur les bords de la mer Glaciale, près de
« l'embouchure de la Léna, au milieu des glaçons,
« un bloc informe qu'il ne put reconnaître. L'an
« née d'après, il s'aperçut que cette masse était
« un peu plus dégagée, mais il ne devinait point
« encore ce que ce pouvait être. Sur la fin de
« l'été suivant, le flanc tout entier de l'animal et
« une des défenses étaient distinctement sortis
« des glaçons. Ce ne fut que la cinquième année
« que, les glaces ayant fondu plus vite que de
« coutume, cette masse énorme vint échouer à
« la côte sur un banc de sable. Au mois de mars
« 1804, le pêcheur enleva les défenses dont il se

« défit pour la valeur de 50 roubles. On exécuta,
« à cette occasion, un dessin grossier de l'ani-
« mal..... Ce ne fut que deux ans après, et la
« septième année de la découverte, que M. Adams,
« membre de l'Académie de Pétersbourg, qui
« voyageait avec le comte Golovkin, envoyé par la
« Russie en ambassade à la Chine, ayant été in-
« formé à Jakutsi de cette découverte, se rendit
« sur les lieux. Il y trouva l'animal déjà fort mu-
« tilé. Les Jakoutes du voisinage en avaient dépecé
« les chairs pour nourrir leurs chiens. Des bêtes
« féroces en avaient aussi mangé; cependant le
« squelette se trouvait encore tout entier, à l'ex-
« ception d'un pied de devant. L'épine du dos,
« une omoplate, le bassin et les restes des trois
« extrémités étaient encore réunis par les liga-
« ments et par une portion de la peau. L'omo-
« plate manquante se retrouva à quelque dis-
« tance. La tête était couverte d'une peau sèche.
« Une des oreilles, bien conservée, était garnie
« d'une touffe de crins; on distinguait encore la
« prunelle de l'œil. Le cerveau se trouvait dans
« le crâne, mais desséché; la lèvre inférieure
« avait été rongée, et la lèvre supérieure, dé-
« truite, laissait voir la mâchelière. Le cou était
« garni d'une longue crinière. La peau était cou-

« verte de crins noirs et d'un poil ou laine rou-
« geàtre ; ce qui en restait était si lourd que dix
« hommes eurent beaucoup de peine à la transpor-
« ter. On retira, suivant M. Adams, plus de trente
« livres pesant de poils et de crins que les ours
« blancs avaient enfoncés dans le sol humide, en
« dévorant les chairs. L'animal était màle ; ses
« défenses étaient longues de plus de neuf pieds
« en suivant les courbures, et sa tête, sans les
« défenses, pesait plus de quatre cents livres.

« M. Adams mit le plus grand soin à recueillir
« ce qui restait de cet échantillon unique d'une
« ancienne création ; il racheta ensuite les dé-
« fenses. L'empereur de Russie, qui a acquis de
« lui ce précieux monument, l'a fait déposer à
« l'Académie de Pétersbourg [1]. »

L'époque de ces étonnantes découvertes répond
à peu près à celle où commençaient les grands
travaux de Cuvier. En l'an IV, et devant l'Institut, réuni pour la première fois en séance
publique, il avait lu son premier et célèbre
mémoire sur les éléphants fossiles. « Qu'on
« se demande, disait-il dans ce mémoire, pour-

---

1. *Recherches sur les ossements fossiles*, t. II, pag. 131.
Édition de 1834.)

« quoi l'on trouve tant de dépouilles d'ani-
« maux inconnus, tandis qu'on n'en trouve
« presque aucune dont on puisse dire qu'elle
« appartient aux espèces que nous connaissons,
« et l'on verra combien il est probable qu'elles
« ont appartenu à des êtres d'un monde anté-
« rieur au nôtre, à des êtres détruits par
« quelque révolution de ce globe; êtres dont
« ceux qui existent aujourd'hui ont rempli la
« place, pour se voir peut-être un jour égale-
« ment détruits et remplacés par d'autres. »

Cuvier venait donc enfin de saisir le grand fait
d'un monde d'êtres animés antérieur au nôtre,
d'un monde d'espèces perdues : la paléontologie
allait être créée.

Je reviens aux découvertes de Gmelin, de Pallas
et d'Adams en Sibérie. Voilà des éléphants, des
hippopotames, des rhinocéros, tous animaux du
Midi, dont on trouve les dépouilles sur les ri-
vages des mers polaires!

Comment expliquer cela?

Gmelin supposa que de grandes inondations,
survenues dans les terres méridionales, avaient
chassé les éléphants vers les contrées du Nord,
et qu'ils y avaient tous péri par la rigueur du
climat.

Écoutons Gmelin lui-même encore tout ému
des choses étonnantes qu'il vient de voir : « Nous
« ne révoquons point en doute, dit-il, un fait con-
« staté par une médaille, une statue, un bas-
« relief, un seul monument de l'antiquité ; pour-
« quoi refuserions-nous toute croyance à une aussi
« grande quantité d'os d'éléphants? Ces espèces
« de monuments sont peut-être beaucoup plus
« anciens, plus certains et plus précieux que
« toutes les médailles grecques et romaines.
« Leur dispersion générale sur notre globe
« est une preuve incontestable des grands chan-
« gements qu'il a éprouvés. Je conjecture que
« les éléphants se sont enfuis des lieux qui
« étaient jadis leur patrie, pour éviter leur
« destruction. Quelques-uns auront échappé
« en allant très-loin, mais ceux qui se seront
« réfugiés dans les pays septentrionaux seront
« tous morts de froid et de faim; les autres,
« morts de lassitude ou noyés dans une inon-
« dation, auront été emportés au loin par les
« eaux [1]. »

Pallas, avant son voyage, repoussait l'idée de
Gmelin. C'est qu'il jugeait sans avoir vu. Il croyait

1. *Voyage en Sibérie*, par Gmelin, traduction de M. de
Keralio, 1767.

que les ossements fossiles, en Sibérie, ne se trouvaient que dispersés, isolés, rassemblés tout au plus en très-petit nombre : pour un effet qu'il supposait si petit, il ne pensait pas qu'on dût recourir à de si grandes causes.

Mais, après avoir vu ces quantités d'ossements *amoncelés, entassés*, et dont une partie, et la plus délicate, l'*ivoire*, forme, à elle seule, l'objet d'un commerce important, inépuisable, Pallas se convertit bien vite à l'idée de Gmelin. Il pensa, comme lui, qu'une inondation formidable, immense, avait pu seule pousser ou transporter les éléphants des contrées méridionales dans les contrées polaires.

Buffon vivait encore, et c'est, si je puis ainsi dire, à *la nouvelle* de ces grands faits qu'il se hâta de composer sa fameuse théorie du refroidissement successif du globe, en allant du pôle à l'équateur.

Le refroidissement du globe a commencé, selon Buffon, par le pôle, l'épaisseur de la terre étant moins considérable à cette région et l'accession de la chaleur solaire y étant presque nulle. Le refroidissement de la partie équatoriale n'est venu que plus tard. C'est donc le pôle qui a reçu les premiers habitants de la terre, ces grands animaux dont on retrouve aujourd'hui les dépouilles en Sibérie. L'équateur s'étant refroidi à son tour, les animaux ont quitté le pôle, devenu trop froid, pour aller habiter l'équateur.

« Dans quelle contrée du nord, dit Buffon, les
« premiers animaux terrestres auront-ils pris
« naissance? N'est-il pas probable que c'est dans
« les terres les plus élevées, puisqu'elles ont été
« refroidies avant les autres? Et n'est-il pas éga-
« lement probable que les autres éléphants et les
« autres animaux, actuellement habitant les terres
« du midi, sont nés les premiers de tous et qu'ils
« ont occupé ces terres du nord pendant quelques
« milliers d'années et longtemps avant la nais-
« sance des rennes qui habitent aujourd'hui ces
« mêmes terres du nord?

« Dans ce temps,.... les éléphants, les rhinocé-
« ros, les hippopotames, et probablement toutes
« les espèces qui ne peuvent se multiplier actuel-
« lement que sous la zone torride, vivaient donc
« et se multipliaient dans les terres du nord,
« dont la chaleur était au même degré et par con-
« séquent tout aussi convenable à leur nature;
« ils y étaient en grand nombre; ils y ont sé-
« journé longtemps; la quantité d'ivoire et de
« leurs autres dépouilles que l'on a découvertes

« et que l'on découvre tous les jours dans ces
« contrées septentrionales, nous démontre évi-
« demment qu'elles ont été leur patrie, leur pays
« natal, et certainement la première terre qu'ils
« aient occupée[1]. »

1. T. IX, p. 547.

TRENTE-CINQUIÈME LEÇON

Ossements fossiles de Sibérie (suite). — Opinions de Cuvier;
de Laplace.

Nous venons de voir l'opinion de Buffon sur
le grand fait des ossements des animaux, supposés du midi [1], trouvés dans le nord.

Selon Buffon, tout, dans cet événement immense, se serait passé lentement, graduellement. « Suivons, dit-il, suivons nos éléphants
« dans leur marche progressive du nord au
« midi. » Il dit encore : « Cette marche régu-
« lière qu'ont suivie les plus grands, les pre-
« miers animaux dans notre continent..... » On

1. Je dis : *supposés du midi*, parce qu'en effet, ils n'en
étaient pas, comme on va le voir.

dirait que, dans l'esprit de Buffon, la migra-
tion de ces éléphants ne s'est pas faite sans un
certain ordre déterminé et presque sans quelque
solennité.

Au contraire, Cuvier pose, dès l'abord, une
cause instantanée, violente.

« Les irruptions, les retraites répétées des eaux,
« dit-il, n'ont point toutes été lentes, ne se sont
« point toutes faites par degrés ; au contraire, la
« plupart des catastrophes qui les ont amenées
« ont été subites. Et cela est surtout facile à
« prouver pour la dernière de ces catastrophes,
« pour celle qui, par un double mouvement, a
« inondé et ensuite remis à sec nos continents
« actuels, ou du moins une grande partie du
« sol qui les forme aujourd'hui. Elle a laissé
« encore dans les pays du nord des cadavres de
« grands quadrupèdes que la glace a saisis, et
« qui se sont conservés jusqu'à nos jours avec
« leur peau, leur poil et leur chair. S'ils n'eus-
« sent été gelés aussitôt que tués, la putréfaction
« les aurait décomposés. Et, d'un autre côté,
« cette gelée éternelle n'occupait pas auparavant
« les lieux où ils ont été saisis ; car ils n'auraient
« pas pu vivre sous une pareille température.
« C'est donc le même instant qui a fait périr les

« animaux et qui a rendu glacial le pays qu'ils
« habitaient. Cet événement a été subit, instan-
« tané, sans aucune gradation ; et ce qui est si
« clairement démontré pour cette dernière catas-
« trophe, ne l'est pas moins pour celles qui l'ont
« précédée [1]. »

Ainsi, Cuvier explique le fait par un cataclysme subit. Il veut aussi que le climat de la
Sibérie ait varié brusquement. Tout cela souffre
plus d'une difficulté.

« On ne peut douter, dit Laplace, que la mer
« n'ait recouvert une grande partie de nos con-
« tinents, sur lesquels elle a laissé des traces
« incontestables de son séjour. Les affaissements
« successifs des îles d'alors et d'une partie des
« continents, suivis d'affaissements étendus du
« bassin des mers, qui ont découvert les par-
« ties précédemment submergées, paraissent in-
« diqués par les divers phénomènes que la sur-
« face et les couches des continents actuels nous
« présentent. Pour expliquer ces affaissements,
« il suffit de supposer plus d'énergie à des causes
« semblables à celles qui ont produit les affais-
« sements dont l'histoire a conservé le souvenir.
« L'affaissement d'une partie du bassin de la

1. *Discours sur les révolutions du globe.*

« mer en découvre une autre partie, d'autant
« plus étendue que la mer est moins profonde.
« Ainsi, de vastes continents ont pu sortir de
« l'Océan sans de trop grands changements dans
« la figure du sphéroïde terrestre. La propriété
« dont jouit cette figure de différer peu de celle
« que prendrait sa surface en devenant fluide,
« exige que l'abaissement du niveau de la mer
« n'ait été qu'une petite fraction de la différence
« des deux axes du pôle et de l'équateur. Toute
« hypothèse fondée sur un déplacement considé-
« rable des pôles à la surface de la terre doit
« être rejetée, comme incompatible avec la pro-
« priété dont je viens de parler. On avait imaginé
« ce déplacement pour expliquer l'existence des
« éléphants dont on trouve les ossements fossiles
« en si grande abondance dans les climats du
« nord, où les éléphants actuels ne pourraient
« pas vivre. Mais un éléphant que l'on suppose
« avec vraisemblance contemporain du dernier
« cataclysme, et que l'on a trouvé dans une
« masse de glace, bien conservé avec ses chairs,
« et dont la peau était recouverte d'une grande
« quantité de poils, a prouvé que cette espèce
« d'éléphants était garantie, par ce moyen, du
« froid des climats septentrionaux, qu'elle pou-

« vait habiter et même rechercher. La décou-
« verte de cet animal a donc confirmé ce que la
« théorie mathématique de la terre nous ap-
« prend, savoir que, dans les révolutions qui ont
« changé la surface de la terre et détruit plusieurs
« espèces d'animaux et de végétaux, la figure
« du sphéroïde terrestre et la position de son axe
« de rotation sur sa surface n'ont subi que de
« légères variations[1]. »

Cette opinion de Laplace aurait-elle influé
sur Cuvier? « Je ne pense pas, dit-il dans la der-
« nière édition de ses *Recherches sur les ossements*
« *fossiles*, qu'il y ait des preuves d'un change-
« ment de climat. Les éléphants et les rhino-
« céros de Sibérie étaient couverts de poils épais,
« et pouvaient supporter le froid aussi bien que
« les ours et les argalis; et les forêts dont ce
« pays est couvert à des latitudes fort élevées
« leur fournissaient une nourriture plus que
« suffisante[2]. »

Voilà sur l'origine des ossements fossiles de la
Sibérie bien des opinions diverses. Voyons rapidement ce que mérite de confiance chacune d'elles.

1. *Exposition du système du monde*, t. II, p. 139.
2. *Recherches sur les ossements fossiles*, t. II, p. 245 (édition de 1834).

Gmelin et Pallas pensent que les éléphants dont on trouve les squelettes en Sibérie y sont venus du midi. Mais comment y sont-ils venus? Ou les éléphants, disent Gmelin et Pallas, fuyant devant une inondation, sont arrivés en Sibérie pour y périr de froid et de faim.—Mais, peut-on leur répondre, est-il admissible que des animaux aient pu prendre l'avance sur une inondation aussi formidable que celle qu'aurait produite le déplacement de la mer des Indes? — Ou les cadavres, disent-ils encore, des éléphants ont été transportés par l'inondation jusqu'en Sibérie. — Mais la position des ossements fossiles sur le sol de la Sibérie contredit cette supposition : ils ne paraissent pas avoir été soumis à l'action violente d'un courant marin; ils sont parfaitement conservés; on dirait qu'ils ont été déposés *tranquillement* là où on les trouve.

Enfin, voici quelque chose de plus décisif, et même de tout à fait décisif. Il est démontré aujourd'hui (et c'est à Cuvier que l'on doit cette grande démonstration) que les animaux fossiles sont très-différents de ceux qui vivent aujourd'hui dans l'Inde; ils n'ont donc pu en venir.

On pourrait appeler la théorie de Buffon la

théorie des causes lentes ; et Cuvier me semble avoir raison quand il veut que le même instant ait fait périr les animaux et rendu glacial le pays qu'ils habitaient. Il est vrai qu'il abandonne, plus tard, cette opinion.

Je crois qu'on peut la reprendre, du moins en partie.

Il y a sûrement eu un changement de climat. Comment, sans un changement de climat, et un changement brusque, soudain, les animaux dont les ossements couvrent le sol de la Sibérie auraient-ils pu être détruits *en masse*, comme ils l'ont été ? Sur les bords des fleuves, dans les cavernes, partout, on les a trouvés entassés, accumulés les uns sur les autres et en quantités énormes.

Un fait, d'ailleurs, est constant, c'est que ces terres, peuplées autrefois, sont aujourd'hui inhabitées et inhabitables. Le climat de ces terres a donc changé.

Mais quelle a été la cause de ce changement ? Ici commence le doute, et un grand doute.

TRENTE-SIXIÈME LEÇON

Importance des dents en paléontologie.
Physiologie des dents.

J'ai exposé les conjectures auxquelles a donné
lieu l'existence des os d'éléphants en Sibérie.
Nous avons vu Pallas, Buffon, Cuvier, de grands
naturalistes, Laplace, un grand géomètre, se
contredire les uns les autres; nous avons vu Cuvier se contredire lui-même.

Laissons, un moment, les conjectures sur les
causes, et venons au point essentiel, au point
fondamental en *paléontologie* : la distinction des
espèces fossiles d'avec les espèces vivantes.

Distinguer entre elles les espèces vivantes, cela
est, en général, facile. Nous avons, pour le faire,
mille secours. S'agit-il de l'âne et du cheval, par

exemple, animaux dont le squelette est si parfaitement semblable? nous les distinguerons par
leurs caractères extérieurs, par les oreilles, par
la queue, par la voix, etc. Nous reconnaîtrons le
lion à sa crinière, parmi tous les *felis*. De même,
une pupille ronde ou verticale marquera la séparation spécifique du chien et du renard, deux
animaux qui se rapprochent par tout le reste.

Mais quand il s'agit de distinguer les espèces
fossiles d'avec les espèces vivantes, la difficulté
devient beaucoup plus grande. L'animal fossile
nous donne, pour tout moyen de distinction, des
os, ou même de simples fragments d'os, un
squelette presque toujours incomplet. C'est donc
au squelette, c'est aux os, c'est aux dents, que
nous devons demander ici les caractères distinctifs des genres et des espèces.

Je dis aux os et aux dents; et nous savons déjà
ce que c'est qu'un os. Mais qu'est-ce qu'une dent?

La *dent*, complétement formée et telle qu'elle
se présente dans le squelette, se compose de
deux parties, l'une qui est implantée dans la mâchoire, c'est la *racine,* et l'autre qui est extérieure
et libre, c'est la *couronne.*

Une substance propre constitue la dent, c'est
l'*ivoire*. A la couronne, l'ivoire est revêtu d'une

matière très-dure, c'est l'*émail*, et à la *racine*, d'une matière un peu moins dure, c'est le *cément*.

Considérée dans son ensemble et au point de vue de sa formation, toute *dent* se compose de deux ordres de parties : de parties *productrices*, et de parties *produites*.

Les parties *productrices* sont le *bulbe* ou le *germe* et la lame interne de la *capsule*.

Les parties *produites* sont l'*ivoire*, l'*émail* et le *cément*.

Ajoutez que toutes ces parties, tant les parties productrices que les parties produites, sont contenues dans un sac membraneux, sac qu'on nomme *capsule*.

La *capsule* se compose de deux lames : une *externe* qui n'a d'autre emploi que de servir d'enveloppe commune à la dent entière, et une *interne*, laquelle seule a un rôle actif [1].

Or, des deux parties productrices, l'une, et c'est le *bulbe*, produit l'*ivoire*; l'autre, et c'est la lame interne de la *capsule*, produit successivement, d'abord l'*émail*, autour de la couronne de

---

1. Primitivement, la *capsule* forme un sac fermé de toute part, si l'on excepte les petites ouvertures pour le passage des nerfs et des vaisseaux. A mesure que la dent croît, elle perce la *capsule* par son sommet; et c'est là l'éruption des dents.

la dent, et puis le *ciment*, autour de la racine.

Voyons maintenant ce qu'est, prise en elle-même, chacune de ces parties.

1° Le *bulbe*, ou le *germe*, est un corps de substance fibreuse, dont la forme donne celle de la dent, et qui est singulièrement riche en vaisseaux sanguins, d'où sa grande puissance de production, et en nerfs, d'où sa sensibilité extrême.

Le *germe* seul est sensible. L'*ivoire* et l'*émail* n'ont qu'une sensibilité de transmission.

2° La *lame interne* de la *capsule* (comme d'ailleurs toute la *capsule*) est une membrane fibreuse, très-riche aussi en vaisseaux sanguins et même en nerfs, quoique beaucoup moins que le bulbe.

3° L'*ivoire*, longtemps appelé *substance osseuse*, diffère pourtant de l'os à plusieurs égards. Il n'a, d'abord, ni vaisseaux sanguins ni nerfs. Ce qui transforme les lames du *bulbe* en lames d'*ivoire*, c'est la pénétration des lames du *bulbe* par des sels calcaires.

Cette pénétration se fait de dehors en dedans, en sorte que les lames les plus extérieures sont toujours les premières transformées, et que les plus intérieures le sont les dernières.

L'*ivoire*, pris en soi, se présente sous l'aspect de tubes ou canaux, serrés les uns contre les autres au point de se toucher, et traversant une substance calcaire. Ces canaux, surtout dans les dents encore jeunes, ont une cavité très-nettement marquée, et, selon toute apparence, remplie d'une matière fluide.

4° L'*émail* se compose essentiellement de sels calcaires, et ne contient que très-peu de substance organique. Ses fibres sont pleines, prismatiques et parallèles.

5° Le *cément* est un véritable os, car il est constitué des mêmes éléments que l'os : de *cellules osseuses* et de *canaux vasculaires*.

Je reviens à l'*ivoire;* c'est la partie principale de la dent solide.

L'*ivoire* a plus d'un rapport avec l'os.

Un os, plongé dans de l'acide chlorhydrique affaibli, se dépouille, au bout de quelque temps, de ses sels calcaires, qui sont la partie morte, et ne conserve plus que son tissu fibreux, qui est la partie primitive, essentielle et vivante.

Une dent, plongée dans le même acide, se comporte absolument de même. Elle perd sa partie calcaire et revient, sans altération de forme, à l'état de tissu fibreux.

D'un autre côté, vous avez vu que la garance, mêlée aux aliments dont se nourrit un animal, rougit les os, et, de toutes les parties du corps, ne rougit que les os.

Or, la garance rougit l'ivoire comme les os : l'*émail* est la seule partie de la dent solide qu'elle ne rougisse pas.

Ce n'est pas tout. L'action de la garance nous a donné le mécanisme du développement des os : les os croissent en grosseur par la *suraddition* de couches externes ou superposées.

L'action de la garance sur l'ivoire nous y montre, comme dans l'os, une suraddition , une succession, une accession de couches formées. Mais, à l'inverse des os, où la suraddition se fait de *dehors* en *dedans*, parce que l'organe producteur, le *périoste*, est *extérieur*, la suraddition se fait, dans la dent, de *dedans* au *dehors*, parce que l'organe producteur, le *bulbe*, est *intérieur*.

C'est le bulbe ou noyau pulpeux qui produit la dent, comme c'est le périoste qui produit l'os.

L'*ivoire* croît donc comme les os, par couches distinctes et *sur-* ou plutôt *sous-ajoutées*.

Les pièces, que je fais passer sous vos yeux, ne laissent aucun doute sur le mode d'accroissement de l'*ivoire*.

La première est une dent molaire d'un jeune

porc, lequel a été soumis à un régime mêlé de garance pendant quinze jours. L'*ivoire* de cette dent, sciée par le milieu, présente deux couches distinctes : une interne rouge, et une externe blanche.

La couche blanche est celle qui s'était formée *avant*, et la couche rouge, celle qui s'est formée *pendant* l'usage de la garance.

La seconde pièce est une autre dent molaire d'un jeune porc qui, après quinze jours du régime de la garance, a été remis à la nourriture ordinaire pendant vingt jours. Ici, l'ordre de coloration est renversé : c'est la couche rouge, qui est l'ancienne, et par conséquent l'externe; et c'est la couche blanche, qui est la nouvelle et par conséquent l'interne.

Suivant donc que l'animal a fini par l'usage de la garance ou par la nourriture ordinaire, la couche interne est rouge ou blanche.

Dans l'*ivoire* nous pouvons donc suivre la marche de la garance de dedans en dehors, comme dans les os nous l'avons suivie de dehors en dedans.

Enfin, entre l'*ivoire* et les os, il est un dernier trait d'analogie, que je ne dois point omettre. C'est que les dents, comme les os, ont leurs

-maladies, et les mêmes maladies. Qui ne sait que la carie est une maladie commune aux os et aux dents?

Il me reste à dire un mot du *cément*. La garance le rougit comme elle rougit l'*ivoire*, comme elle rougit les *os*; et cela ne doit point étonner, puisque, ainsi que je l'ai dit, le cément est un os.

Je n'ai parlé jusqu'ici que des dents *simples*.

Quand on a bien compris la formation d'une dent *simple*, on conçoit tout de suite celle d'une dent *composée*, laquelle n'est, en effet, qu'une dent simple, plusieurs fois répétée.

Dans une dent *composée*, le bulbe se compose de plusieurs bulbes, unis par leur base.

D'un autre côté, la *lame interne* de la capsule donne autant de prolongements qu'il y a d'espaces vides entre les bulbes; et ces prolongements, s'insinuant dans ces vides, y vont déposer successivement l'*émail* et le *cément* sur l'*ivoire* produit par les *bulbes*.

De plus, dans les dents *composées*, dans celles de l'éléphant, par exemple, le *cément* recouvre non-seulement la racine, mais toute la couronne, tout l'émail de la couronne.

TRENTE-SEPTIÈME LEÇON

Distinction des espèces vivantes entre elles, et des espèces
vivantes d'avec les espèces fossiles. — Éléphants vivants
et éléphants fossiles.

Voyons de quel secours sont les dents, en paléontologie, pour la distinction des espèces.

Commençons nos essais en ce genre par la
détermination spécifique des *éléphants*.

Il s'agit de savoir s'il y a parité ou disparité
spécifique, d'abord,

Entre les éléphants vivants;

Et, en second lieu,

Entre les éléphants vivants d'une part et les
éléphants fossiles de l'autre.

1° Y a-t-il identité d'espèce entre les éléphants
vivants?

Les anciens ont connu, sans aucun doute, nos deux espèces d'éléphants : l'éléphant des Indes ou d'Asie et l'éléphant d'Afrique ou de Libye. Alexandre trouva le premier dans l'Inde et le fit connaître à l'Europe; Pyrrhus et Annibal amenèrent le second d'Afrique en Italie.

Les anciens ont donc vu les deux éléphants, mais ils ne les ont pas distingués. On n'arrive à distinguer les espèces qu'en les comparant organe par organe, *partie par partie*, qu'en opposant un os au même os, une dent à la même dent, etc; et les anciens ne connaissaient pas cet art de comparaison détaillée.

Dans le siècle dernier même, personne ne soupçonnait encore qu'il y eût plus d'une espèce d'éléphants. Linné, Buffon, Daubenton, confondent les deux espèces.

Pierre Camper et Blumenbach sont les deux premiers naturalistes qui aient reconnu les caractères distinctifs de l'espèce dans les éléphants. Cuvier a mis ces caractères dans tout leur jour.

Dans l'éléphant des Indes, les lames des couronnes dentaires ressemblent à des rubans étroits et festonnés sur les bords. Dans l'éléphant d'Afrique, ces lames figurent des losanges.

Le front de l'éléphant des Indes est concave; celui de l'éléphant d'Afrique est convexe.

Le premier a les oreilles relativement petites; dans le second, elles sont énormes.

Ces différences constatées, plus de confusion possible.

2° Ayant trouvé deux espèces dans les éléphants vivants, la seconde question se présente : y a-t-il *identité d'espèce* entre l'éléphant fossile et l'un ou l'autre des deux éléphants vivants?

Pour l'éléphant d'Afrique : point de difficulté, l'éléphant fossile différait certainement de celui-là. La différence est nettement marquée par les lames des dents molaires, rubanées dans l'éléphant fossile comme elles le sont dans l'éléphant des Indes, dessinées, au contraire, en losanges dans l'éléphant d'Afrique.

Pour l'éléphant des Indes comparé à l'éléphant fossile, la question est plus difficile.

Nous trouvons, dans les deux, des lames dentaires en forme de rubans festonnés. Mais la similitude est-elle complète? Cuvier remarque, d'abord, que les rubans des dents fossiles sont plus étroits, plus serrés, et, par conséquent, plus nombreux dans un espace donné. Il remarque, en second lieu, que les lignes d'émail qui interceptent les lames d'ivoire sont plus minces et moins festonnées dans les dents fossiles que dans celles de l'éléphant des Indes.

Cuvier note encore deux différences importantes : l'une dans le crâne, l'autre dans la mâchoire inférieure.

La première se rapporte à la longueur des alvéoles des défenses : dans un crâne d'éléphant fossile, l'alvéole est triple de ce qu'il serait dans un crâne d'éléphant de l'Inde ou de celui d'Afrique de même dimension.

La seconde différence se trouve dans la conformation de la mâchoire inférieure.

Les alvéoles ne descendant pas, dans les espèces vivantes, au delà de la pointe de la mâchoire inférieure, celle-ci peut s'avancer entre les défenses, et s'y prolonge en effet en une espèce d'apophyse pointue.

Dans les têtes fossiles, au contraire, où ces alvéoles sont beaucoup plus longs, la mâchoire a dû être *tronquée* en avant : autrement, elle n'aurait pas pu se fermer.

De toutes ces différences réunies, Cuvier concluait que l'éléphant fossile est plus éloigné spécifiquement de l'éléphant des Indes que l'âne ne l'est du cheval, et par conséquent que ce sont deux espèces distinctes.

M. de Blainville a conclu exactement tout le contraire. « Le résultat définitif, dit-il, auquel « on est conduit par une logique rigoureuse, « c'est que, dans l'état actuel de nos collec- « tions, du moins au Muséum de Paris, il est « encore à peu près impossible de démontrer que « l'éléphant fossile, dont on trouve tant de débris « dans la terre, diffère spécifiquement de l'élé- « phant de l'Inde, encore vivant aujourd'hui [1]. »

L'éléphant fossile, déterminé comme espèce distincte par Cuvier, est l'*elephas primigenius* de Blumenbach, le *mammouth* des Russes.

Dans ces derniers temps, les paléontologistes ont proposé plusieurs autres espèces d'éléphants fossiles : l'*elephas minimus*, l'*elephas meridionalis*, l'*elephas proboletes*, etc.

Toutes ces espèces doivent-elles être admises?

On ne saurait décider encore; mais, à ne consulter même que les dents que possède le Muséum, on ne peut douter qu'il n'y ait eu plusieurs espèces distinctes d'*éléphants fossiles*.

1. *Ostéographie ou Description iconographique comparée du squelette et du système dentaire des cinq classes des animaux vertébrés, récents et fossiles, pour servir de base à la zoologie et à la géologie* — *Éléphants*, p. 222.

TRENTE-HUITIÈME

ET

TRENTE-NEUVIÈME LEÇONS

Trois opinions de Buffon en paléontologie réfutées. — Examen
des mammifères fossiles (suite). — Restitution des pachydermes de Montmartre par Cuvier. — Cavernes à ossements
fossiles.

Je commence cette leçon par examiner trois
opinions de Buffon qui se rapportent à notre
sujet :

1° Buffon croyait que les animaux des temps
passés étaient beaucoup plus grands que ceux
actuellement subsistants.

Cela n'est pas absolument exact.

Le mastodonte, le dinothérium étaient à peine
plus gros que notre éléphant. Quant aux autres

quadrupèdes fossiles, leur taille, en général, ne dépassait pas, ou même n'atteignait pas celle de l'éléphant.

Ce qui est vrai, c'est que les grandes espèces étaient plus nombreuses dans la population fossile, qu'elles ne le sont dans la population vivante.

2° Buffon appelle souvent les animaux fossiles : les *ancêtres* des animaux actuels.

Si c'est là une métaphore, je n'ai rien à dire ; car autrement, et nous l'avons bien vu, les espèces *actuelles* ne dépendent en rien des espèces *fossiles*. J'ai démontré, au commencement de ce cours, la fixité de l'espèce. Les espèces antiques ne variaient pas plus que les nôtres. La transmutation des espèces est la chimère des zoologistes, comme la transmutation des métaux a été celle des alchimistes.

3° Enfin, Buffon soutient que « en général, on « doit regarder le continent de l'Amérique « comme une terre *nouvelle* dans laquelle la « nature n'a pas eu le temps d'acquérir toutes « ses forces, ni celui de les manifester par une « très-nombreuse population. »

Ceci est l'opinion vulgaire : en se servant du mot *nouveau monde*, on donne à ce terme la double, mais très-différente acception de terre nouvellement *découverte* et de terre nouvellement *formée*.

En réalité, tous nos continents (je laisse de côté les petites îles volcaniques qui peuvent être, et dont quelques-unes sont en effet de formation récente), tous nos continents, couverts autrefois par les eaux, ont été mis à sec par la même retraite des eaux, et sont de même date. Tous les continents actuels sont contemporains.

Sur ce point, je ne puis mieux faire que d'opposer à Buffon un homme qui, comme lui, a vu la nature *en grand*, M. de Humboldt.

« Des écrivains, d'ailleurs justement célèbres,
« ont trop souvent répété, dit M. de Humboldt,
« que l'Amérique est, dans toute l'acception du
« mot, un nouveau continent. Cette richesse de
« végétation, les immenses cours d'eau dont
« elle est arrosée, la puissance et la fermen-
« tation continuelle des volcans, annoncent,
« suivant eux, que la terre, toujours trem-
« blante et encore détrempée, est là plus voi-
« sine que dans l'ancien monde de l'état pri-
« mordial du chaos... Ces images capricieuses
« de jeunesse et d'agitation, opposées à la sé-
« cheresse et à l'inertie de la terre vieillissante,
« ne peuvent prendre naissance que dans les

« esprits qui se font un jeu de chercher des
« contrastes entre les deux hémisphères, et ne
« se donnent pas la peine d'embrasser d'un coup
« d'œil général la structure des corps terrestres.
« Faut-il regarder l'Italie méridionale comme
« plus récente que l'Italie du nord, parce qu'elle
« est presque incessamment tourmentée par des
« tremblements de terre et des éruptions volca-
« niques? Que sont d'ailleurs aujourd'hui les
« volcans et les tremblements de terre? Quels
« pauvres phénomènes si on les compare avec
« les révolutions de la nature!

« .... Aujourd'hui (j'écrivais ceci il y a qua-
« rante-deux ans) l'agitation physique et le
« calme politique règnent dans le nouveau
« monde, tandis que dans l'ancien les luttes des
« peuples troublent la jouissance que leur offre
« le repos de la nature. Peut-être viendra-t-il
« des temps où, dans ce singulier contraste entre
« les forces physiques et les forces morales, un
« hémisphère prendra le rôle de l'autre. Les
« volcans reposent durant des siècles avant de
« faire rage de nouveau, et l'idée que les puis-
« sances de la nature doivent vivre en paix dans
« le continent le plus vieux n'est fondée que sur
« un jeu de notre imagination. On ne peut sup-

« poser aucune raison pour qu'une partie de
« notre planète soit plus vieille ou plus jeune
« que l'autre...

« Sans doute, il est arrivé que.... des îles ont
« été rattachées, par voie de soulèvement, à des
« masses continentales; que d'autres contrées se
« sont abîmées par suite des oscillations du sol.
« Mais en vertu des lois hydrostatiques, on ne
« peut se représenter d'inondation générale que
« comme existant simultanément dans toutes les
« parties du monde et sous tous les climats[1]. »

Je reprends l'examen des mammifères fossiles.

Vous connaissez l'éléphant fossile ou *mammouth* des Russes.

En 1739, un officier français, M. de Longueil,
naviguant sur l'Ohio, quelques sauvages de sa
troupe découvrirent, à peu de distance de ce
fleuve, des os, des mâchelières et des défenses
d'un grand animal. L'année suivante, cet officier
trouva, dans la même localité, un fémur, une
extrémité de défense et trois mâchelières. Les
sauvages regardaient ces ossements comme provenant d'un animal qu'ils appelaient le *père aux*

1. *Tableaux de la nature*, t. I, p. 161.

bœufs. M. de Longueil rapporta le tout à Paris.

Ces débris frappèrent Buffon et lui firent concevoir l'idée d'une espèce perdue : « Tout « porte à croire, dit-il, que cette ancienne « espèce, qu'on doit regarder comme la pre- « mière et la plus grande de tous les animaux « terrestres, n'a subsisté que dans les premiers « temps et n'est point parvenue jusqu'à nous[1]. »

On appela d'abord, et on a appelé longtemps l'animal auquel avaient appartenu ces débris : *l'animal de l'Ohio*.

Daubenton rapportait à l'hippopotame une partie de ces débris, et l'autre partie à l'éléphant.

W. Hunter prétendit que le tout appartenait à l'éléphant, et, remarquant aux mâchelières de grosses tubérosités, il en concluait que cet éléphant avait été *carnivore*.

Cuvier mit fin aux incertitudes. Il fit voir que cet animal formait une espèce particulière, et très-distincte de toutes les espèces déjà connues. Il l'appela *mastodonte*, de deux mots grecs qui signifient *dents mamelonnées*.

Le *mastodonte* était un quadrupède de la

---

1. T. IX, p. 606.

forme et de la taille de l'éléphant, pourvu, comme lui, d'une trompe et de longues défenses implantées dans l'os incisif, mais en différant essentiellement par ses dents molaires armées de tubercules ou mamelons.

Le *mastodonte* forme un *genre* dont on connaît déjà plusieurs espèces : le *grand mastodonte*, le *mastodonte à dents étroites*, etc.

Le *dinothérium* est encore un grand et très-grand mammifère. Cuvier, qui n'en avait connu que les dents molaires et un radius mutilé, l'avait pris pour un tapir et nommé *tapir gigantesque*. Le nom qu'il porte actuellement lui a été donné par M. Kaup, qui en a découvert, en 1829, une mâchoire inférieure dans les sablières d'Eppelsheim (Prusse rhénane).

Le dinothérium paraît avoir surpassé en grandeur et en force les plus grands éléphants, et sa tête était non moins extraordinaire par sa forme que celle de ces derniers animaux. Deux défenses lui sortaient aussi de la bouche, mais les pointes en étaient tournées vers la terre; de plus, ces défenses appartenaient à la mâchoire inférieure, et cette mâchoire était recourbée en bas, disposition qui ne se trouve dans aucun des animaux connus.

Il y avait plusieurs espèces de *dinothériums*.

Le *mégathérium* nous offre, mais sur une grande échelle, un composé des organisations des paresseux, des fourmiliers et des tatous actuels.

Le *glyptodon*, plus récemment découvert, était un *tatou* énorme.

Il est douteux qu'il existe plus d'une espèce vivante d'*hippopotame*; et il est incontestable qu'on en rencontre plusieurs espèces fossiles.

Nos *rhinocéros* avaient aussi leurs analogues dans la nature fossile. En 1822, Cuvier comptait déjà quatre espèces de rhinocéros fossiles. Vous n'avez pas oublié le rhinocéros couvert de sa peau, que Pallas trouva en Sibérie.

Les mammifères que nous avons vus jusqu'ici appartiennent tous, sauf le mégathérium et le glyptodon, à l'ordre des pachydermes, et on les trouve tous dans les terrains meubles et d'alluvion.

J'arrive aux pachydermes des carrières de Montmartre, le *palæothérium*, l'*anoplothérium*, le *lophiodon*, etc.

Je ne puis vous parler de ces animaux sans vous parler, en même temps, de la *restitu-tion* célèbre que Cuvier a faite de leurs squelettes, et de la grande loi des *corrélations organiques* qui l'a guidé dans cette restitution.

La loi des *corrélations organiques* est d'ailleurs si connue aujourd'hui que je n'aurai besoin que de la rappeler.

Tout être organisé forme un ensemble, un *système,* dont les parties se correspondent et concourent toutes à une même et définitive action. Aucune de ces parties ne peut donc changer sans que les autres changent aussi; et, par conséquent, chacune d'elles, prise séparément, indique et donne toutes les autres.

Prenons pour exemple un animal carnivore : il faudra nécessairement que ses organes des sens soient construits pour apercevoir une proie vivante et l'apercevoir de loin; ses organes du mouvement, pour la poursuivre; ses griffes, pour la saisir et la déchirer; ses dents, pour la découper; ses intestins, pour la digérer. Toutes ces parties se donnent donc les unes les autres : les organes des *sens* donnent ceux du *mouvement;* ceux du mouvement donnent les *dents;* les dents donnent les *intestins,* etc.

Les ossements nombreux, dont les carrières de

Montmartre étaient remplies, se trouvaient mê-
lés; de plus, ces ossements étaient incomplets,
mutilés. Et cependant, comme dit Cuvier : « Il
« fallait que chaque os allât retrouver celui
« auquel il devait tenir. — C'était presque une
« résurrection en petit, continue-t-il, et je
« n'avais pas à ma disposition la trompette toute-
« puissante; mais les lois immuables prescrites
« aux êtres vivants y suppléèrent. »

Cuvier commença par rassembler les dents. Un
premier examen lui montra que presque tous les
animaux de Montmartre avaient des dents molaires d'herbivores, et d'herbivores de l'ordre des
pachydermes.

Il réussit ensuite à former, de ces dents, deux
séries différentes et complètes, deux systèmes
dentaires complets : un système *dentaire* à canines
saillantes et un système *dentaire* sans canines
saillantes. La restitution des dents donnait donc
deux espèces distinctes, et distinctes par des caractères non-seulement *spécifiques*, mais *géné-
riques*. Chacune de ces espèces devint bientôt, en
effet, le type d'un genre nouveau : l'espèce à
canines saillantes, le type du genre *palæothérium ;*
et l'espèce à canines non saillantes, le type du
genre *anoplothérium*.

Les dents ayant donné deux *espèces*, on devait s'attendre à retrouver toutes les autres parties du squelette *corrélatives* à celles-là, et par conséquent des têtes, des pieds, etc., aussi pour deux *espèces*.

Et c'est ce qui ne manqua pas d'arriver. Il ne restait plus qu'à rapporter chaque pied à sa tête et chaque tête à son système dentaire.

Cuvier s'occupa, d'abord, de réunir les deux paires de pieds ensemble, les pieds de derrière à ceux de devant. Il y avait deux sortes de pieds de derrière, les uns à trois et les autres à deux doigts, et aussi deux sortes de pieds de devant, à trois et à deux doigts pareillement. Guidé par les rapports de conformation, Cuvier réunit ensemble les pieds de derrière et les pieds de devant qui avaient deux doigts; puis il réunit, de même, les pieds de derrière et les pieds de devant qui avaient trois doigts. Il rattacha les quatre pieds à deux doigts au système dentaire sans canines saillantes, ce fut l'*anoplothérium*, et les quatre pieds à trois doigts au système dentaire avec canines saillantes, et ce fut le *palæothérium*. Puis, il ramena successivement à chaque animal les os du crâne, du tronc, des extrémités, etc., qui lui appartenaient; il refit, enfin, le squelette entier de chacun d'eux.

Et la *restitution* était à peine achevée que le hasard fit découvrir à Pantin un squelette entier de l'un de ces animaux, d'un *palæothérium*. Cuvier ne s'était mépris sur les rapports, sur la place, sur l'adaptation d'aucun des os avec l'autre; le squelette de la nature et le squelette de Cuvier étaient identiques.

Il y a donc un art de reconstruire les espèces perdues, de reformer les squelettes pièce par pièce, débris par débris; cet art repose, tout entier, sur la loi des *corrélations organiques*, et, comme le disait Cuvier tout à l'heure, « les lois « immuables, prescrites aux êtres vivants, sup- « pléent à la trompette toute-puissante. »

Ce que les carrières de Montmartre ont été pour les pachydermes, les cavernes à ossements fossiles l'ont été pour les carnassiers.

Ce que ces cavernes rassemblent d'os de carnassiers est prodigieux. Dans celle de Gaylenreuth, par exemple, le sol, suivant l'expression de Cuvier, est *pétri de dents et de mâchoires*. Les ours y forment les trois quarts des débris fossiles. Le reste se compose d'ossements d'hyènes, de tigres, de loups, de renards, de gloutons, de putois, etc.

J'ai vu une de ces cavernes presque au moment où elle venait d'être découverte. Là du moins je n'ai pu douter que les ossements n'eussent été portés, poussés par une inondation, car on trouvait de ces ossements sur les diverses parties saillantes, et comme *étagées*, des parois de la caverne[1].

Je termine ici ce que j'avais à vous dire touchant la quatrième des grandes questions qui ont fait l'objet de ce Cours.

A propos de la *distribution des êtres*, je vous ai fait remarquer cette *uniformité* des types partout subsistante, malgré la *diversité*, la *spécificité* des *espèces*, partout aussi démontrée.

Nous avons passé des *êtres vivants* aux *êtres fossiles*; et c'est encore la même loi qui domine : *variété* des espèces, *spécificité* des êtres, mais *uniformité* des types. Encore une fois, *le règne animal est un*.

1. La caverne de Lunel-Vieil, près Montpellier.

QUARANTIÈME LEÇON

Créations multiples et successives. — Unité de la création.

Dans ces études paléontologiques, je m'en suis tenu aux faits. Je n'ai point touché aux théories. Il en est deux principales : l'une que j'appelle la théorie des *créations successives*, et l'autre la théorie de l'*unité de création*.

La théorie des *créations successives* a été celle de Cuvier ; elle est aujourd'hui celle d'à peu près tout le monde. La théorie de l'*unité de création* était celle de M. de Blainville.

Examinons, un moment, cette dernière théorie, qui a été très-peu discutée, et qui mérite du moins l'attention du physiologiste.

Je vais tâcher de rassembler et de résumer ici, je ne dirai pas les *preuves*, le mot serait trop fort; je dirai les *raisons* qui semblent militer le plus en faveur de l'*unité de création*. Je les puise dans le grand ouvrage[1] de M. de Blainville.

Ces *raisons* sont de trois sortes. Je les appelle : 1° *zoologiques;* 2° *physiologiques;* et 3° *philosophiques.*

Examinons chacune de ces *raisons.*

1° La première et la principale raison *zoologique* se tire de l'*unité du règne animal.* Il n'y a pas un double règne animal : un règne fossile et un règne vivant. Chacun d'eux, pris isolément, n'est qu'une partie de l'autre; réunis, ils font un tout complet. Ils s'adaptent et s'ajustent l'un à l'autre, exactement comme les parties arrachées d'un bas-relief retrouvent leur place dans une restauration du bas-relief entier.

C'est ainsi, comme nous l'avons vu, que le *plésiosaurus* se place entre les reptiles et les amphibiens; que le *ptérodactyle* relie les oiseaux et les reptiles, etc.

Autre raison *zoologique :* le groupe vivant des pachydermes est l'un des plus mutilés, des plus incomplets; il ne contient plus que huit genres, et chacun de ces genres, éléphant, cheval, co-

1. *Ostéographie ou Description,* etc.

chon, etc., offre un type différent. Chacun d'eux paraît isolé, sans relation directe avec ses congénères. Mais si l'on rapproche les pachydermes fossiles des pachydermes vivants, l'isolement de ceux-ci disparaît. Les fossiles, très-nombreux, viennent se placer auprès de leurs congénères vivants, les relient entre eux, et le groupe des pachydermes, ainsi restitué, offre un ensemble complet et harmonique.

Le naturaliste pourrait-il reconstruire, *restaurer* le règne animal avec les fossiles, comme l'a si heureusement tenté sur plus d'un point M. de Blainville, si ceux-ci appartenaient à un règne différent ?

L'*unité de règne* étant établie, M. de Blainville en déduisait l'*unité de création*.

Cuvier disait, au début de ses grands travaux : « Qu'on se demande pourquoi l'on trouve tant de « dépouilles d'animaux inconnus;... et l'on verra « combien il est probable qu'elles ont appartenu « à des êtres d'un monde antérieur au nôtre;..... « êtres dont ceux qui existent aujourd'hui ont « rempli la place, pour se voir peut-être un jour « également détruits et remplacés par d'autres. »

La théorie des *créations successives* était, implicitement, tout entière dans ces mémorables paroles. Le plus bel ouvrage de Cuvier, son *Discours sur les révolutions de la surface du globe*, semble n'avoir eu qu'un objet, celui de les développer et de les commenter, et il termine ce *Discours* par cette phrase, qu'on peut donner comme le résumé de tout ce que trente années de méditations et d'études avaient laissé de plus profondément empreint dans son grand esprit : « Ce qui est certain, c'est que nous sommes « maintenant au moins au milieu d'une qua- « trième succession d'animaux terrestres, et « qu'après l'âge des reptiles, après celui des pa- « læothériums, après celui des mammouths, des « mastodontes et des mégathériums, est venu « l'âge où l'espèce humaine, aidée de quelques « animaux domestiques, domine et féconde pai- « siblement la terre. »

Cuvier admettait donc quatre époques, dans le développement de la vie sur le globe : 1° l'époque des mollusques, des poissons et des reptiles : 2° celle des palæothériums ; 3° celle des mammouths et des mastodontes ; 4° enfin celle de l'homme.

Cela posé, on ne doit trouver aucun animal d'une époque donnée mêlé à ceux d'une autre époque : aucun des animaux de l'âge actuel parmi les animaux de l'âge des *mammouths* et des *mastodontes*, aucun animal de l'âge des *mammouths* parmi les animaux de l'âge des *palæothériums*, aucun animal de l'âge des *palæothériums*, c'est-à-dire aucun mammifère (car selon Cuvier, il n'y a point eu de mammifères avant les *palæothériums*), dans l'âge des grands *reptiles*, etc.

Or, les grands reptiles, le plésiosaurus, le mégalosaurus, etc., se trouvent dans les calcaires jurassiques; des mammifères ne devraient donc point s'y trouver. Cependant, du temps même de Cuvier, on avait trouvé dans les schistes oolithiques de Stonesfield, lesquels sont de l'époque jurassique, de petites mâchoires inférieures, qui furent reconnues par Cuvier lui-même pour des mâchoires de mammifères de l'ordre des didelphes.

M. Richard Owen a établi, sur ces débris, deux genres de marsupiaux fossiles : le genre *thylacothérium* et le genre *phascolothérium*[1].

D'un autre côté, Cuvier regardait comme un fait assuré la non-existence des *quadrumanes*

---

1. D'autres mammifères ont été trouvés, depuis Cuvier. dans les terrains jurassiques : le *spalacothérium*, le *triconodon*, le *plagiaulax*, etc.

parmi les fossiles. Suivant lui, ces animaux n'appartenaient qu'à la dernière époque, à la nôtre. Or, M. Richard Owen, M. Lartet, et d'autres, ont découvert, dans ces derniers temps, des os de quadrumanes, et dans plus d'un lieu.

Enfin, il n'est pas jusqu'à l'*homme,* dont Cuvier fait (et jusqu'ici avec apparence de raison) le caractère exclusif de l'époque actuelle, que M. de Blainville ne prétende devoir exister, et même avoir été trouvé déjà parmi les espèces fossiles : « Cuvier, dit-il, tire une dernière preuve « de ses révolutions de la négation gratuite d'os « humains fossiles; il y en avait, dès son temps, « de découverts, et il y en a eu beaucoup depuis. « Pour appuyer cette négation, il fait une dis- « tinction : — « Je dis qu'on n'a jamais trouvé « d'os humains parmi les fossiles proprement « dits, ou, en d'autres termes, dans les couches « régulières de la surface du globe. » — Cette « distinction, purement gratuite, est contradic- « toire et ne peut être admise; car on a trouvé « des ossements humains avec des ossements « d'animaux perdus, d'animaux qui se trou- « vent dans les couches régulières, et qui n'y « ont pas d'autres caractères que dans les terrains « meubles : dans un cas les mêmes os seraient

« donc fossiles, et dans l'autre ne le seraient pas,
« par la seule raison qu'on ne veut pas admettre
« comme fossiles les ossements humains avec
« lesquels ils se trouvent. Mais, d'ailleurs, on a
« trouvé des ossements humains dans des ter-
« rains réguliers. Cette dernière preuve croule
« donc comme toutes les autres, et avec elle la
« théorie des révolutions et des irruptions suc-
« cessives et des créations répétées qui en sont
« une déduction[1]. »

2° *Raisons physiologiques de l'unité de création.*

La grande raison *physiologique*, c'est que le
physiologiste sensé ne peut admettre la création
d'un seul *être vivant* sans l'intervention directe
de Dieu, sans un *miracle*, et qu'il sera toujours
prudent de ne pas multiplier sans nécessité les
miracles.

Nous avons vu que l'éléphant vivant et l'éléphant fossile (l'*éléphant des Indes* et l'*elephas
primigenius*) diffèrent si peu que, malgré l'auto-
rité de Cuvier, Blainville les regarde comme
étant d'une seule et même espèce.

Mais supposons que ce soit Cuvier qui ait raison, et que ces deux éléphants forment en effet

1. *Histoire des sciences de l'organisation*, t. III, p. 403.

deux espèces distinctes. Assurément la différence ne sera pas bien grande, puisque Blainville ne l'a pas vue.

Faudra-t-il que, pour une si petite différence, l'Ouvrier suprême s'y soit pris à deux fois, une première pour l'*éléphant fossile* et une seconde pour l'*éléphant des Indes*?

Des *éléphants*, je passe aux *chevaux*. Ici Cuvier déclare nettement que les chevaux *fossiles* ne peuvent être distingués des chevaux *vivants*. « Le « genre cheval existait aussi dès ce temps-là. Ses « dents accompagnent par milliers celles des « animaux que nous venons de nommer;… mais « il n'est pas possible de dire si c'était ou non « une des espèces aujourd'hui existantes, parce « que les squelettes de ces espèces se ressem- « blent tellement qu'on ne peut les distinguer « d'après des fragments isolés… »

Il dit, à propos des cerfs et des bœufs : « Les « os de cerfs et de bœufs que l'on a recueillis « dans certaines cavernes et dans les fentes de « certains rochers y sont quelquefois, et sur- « tout dans les cavernes d'Angleterre, accom- « pagnés d'os d'éléphants, de rhinocéros, d'hip- « popotames et de ceux d'une hyène qui se « rencontre aussi dans plusieurs couches meu-

« bles avec ces mêmes pachydermes ; par consé-
« quent ils sont du même âge, mais il n'en reste
« pas moins difficile de dire en quoi ils dif-
« fèrent des bœufs et des cerfs d'aujourd'hui... »

4° *Raisons philosophiques.*

Ceci est plutôt une objection contre la théorie des *créations successives* qu'une *raison* directe en faveur de l'*unité de création.*

La théorie des *créations successives* ne repose que sur des *faits incomplets.*

Rien n'est plus borné, plus incomplet encore que nos explorations. Quels sont les lieux où il a été fait des fouilles ? C'est le hasard qui nous a découvert ces riches dépôts, ces vastes cavernes, et cela tout à côté de nous : le dépôt de Sansan, les cavernes du midi de la France, etc.

Comment sur des faits aussi incomplets pro-poser autre chose que du provisoire ?

L'homme le plus effrayé de sa théorie, c'était Cuvier lui-même.

« Lorsque je soutiens, dit-il, que les bancs
« pierreux contiennent les os de plusieurs gen-
« res, et les couches meubles ceux de plusieurs
« espèces qui n'existent plus, je ne prétends pas
« qu'il ait fallu une *création nouvelle* pour pro-
« duire les espèces aujourd'hui existantes, je dis

« *seulement qu'elles n'existaient pas dans les lieux*
« *où on les voit à présent, et qu'elles ont dû y venir*
« *d'ailleurs.* »

C'est considérablement changer la question,
et surtout se décharger très-adroitement (ou
plutôt très-heureusement) de l'énorme embarras
des *créations nouvelles.*

« Supposons, par exemple, » continue M. Cuvier, « qu'une grande irruption de la mer cou-
« vre d'un amas de sables ou d'autres débris le
« continent de la Nouvelle-Hollande; elle en-
« fouira les cadavres des kanguroos, des phasco-
« lomes, des dasyures, des péramèles, des
« phalangers volants, des échidnés et des orni-
« thorhynques, et elle détruira entièrement les
« espèces de tous ces genres, puisque aucun
« d'eux n'existe maintenant en d'autres pays.

« Que cette même révolution mette à sec les
« petits détroits multipliés qui séparent la Nou-
« velle-Hollande du continent de l'Asie, elle
« ouvrira un chemin aux éléphants, aux rhino-
« céros, aux buffles, aux chevaux, aux tigres et
« à tous les autres quadrupèdes asiatiques, qui
« viendront peupler une terre où ils auront été
« auparavant inconnus.

« Qu'ensuite un naturaliste, après avoir bien

« étudié toute cette nature vivante, s'avise de
« fouiller le sol sur lequel elle vit, il y trouvera
« des restes d'êtres tout différents.

« Ce que la Nouvelle-Hollande serait, dans la
« supposition que nous venons de faire, l'Eu-
« rope, la Sibérie, une grande partie de l'Amé-
« rique le sont effectivement; et peut-être trou-
« vera-t-on un jour, quand on examinera les
« autres contrées de la Nouvelle-Hollande elle-
« même, qu'elles ont toutes éprouvé des révolu-
« tions semblables, je dirai presque des échan-
« ges mutuels de productions; car, poussons la
« supposition plus loin : après ce transport des
« animaux asiatiques dans la Nouvelle-Hollande,
« admettons une seconde révolution qui détruise
« l'Asie, leur patrie primitive, ceux qui les ob-
« serveraient dans la Nouvelle-Hollande, leur
« seconde patrie, seraient tout aussi embarrassés
« de savoir d'où ils seraient venus, qu'on peut
« l'être maintenant pour trouver l'origine des
« nôtres. »

Je suis persuadé que l'avenir du grand problème qui nous occupe (d'une création *unique*
ou de créations *multiples*) est, tout entier, dans
la vue ingénieuse et judicieuse de Cuvier.

Ceux qui parlent de *créations nouvelles* em-

ploient un mot qu'ils n'entendent pas bien. Il y
a eu des *échanges*, comme dit Cuvier ; il y a eu
des pertes, beaucoup de pertes ; beaucoup d'espèces ont été détruites ; mais y a-t-il eu des *créations?*

FIN.

TABLE

Pages.

Avertissement... V

Première leçon. — La physiologie comprend : 1° l'étude des fonctions; 2° l'étude des êtres. — L'étude des fonctions est la *biologie*, l'étude des êtres est l'*ontologie*. — L'ontologie comprend : 1° la *néontologie*; 2° la *paléontologie*. — Les espèces se perdent; la quantité de vie reste la même.................... 1

Deuxième leçon. — Spécification des êtres. — De l'espèce. — L'*espèce* se caractérise par la fécondité *continue;* le genre, par la fécondité *bornée*............ 10

Troisième leçon. — L'espèce est permanente. — Elle est fixe. — Question de fixité ou de mutabilité de l'espèce : historique. — Maillet. — Robinet. — Lamarck. — Théorie des arrêts de développement. — La fixité de l'espèce prouvée par les faits......... 18

Quatrième leçon. — Causes qui pourraient amener la mutabilité de l'espèce : 1° développement insensible des êtres organisés; 2° révolutions du globe; 3° croisement des espèces. — L'espèce reste fixe......... 27

Cinquième leçon. — De la race. — Il y a deux tendances dans l'organisation : 1° tendance à varier;

Pages.

2° tendance à transmettre les variations. — La variation est totale ou partielle. — Causes extérieures du développement des variations : 1° le climat; 2° la nourriture; 3° la domesticité....................... 36

SIXIÈME LEÇON. — Influence du climat sur les races. — Poils des animaux. — Expériences de Daubenton sur les bêtes à laine. — Domesticité des animaux...... 44

SEPTIÈME LEÇON. — Sociabilité des animaux domestiques. — Lois de la fécondité..................... 52

HUITIÈME LEÇON. — Durée de la gestation. — Naissances précoces ou tardives. — Naissance du mâle précédant celle de la femelle................................ 58

NEUVIÈME LEÇON. — Exclusivité de l'espèce humaine. — Son unité. Égalité de toutes les races humaines..... 67

DIXIÈME LEÇON. — Formation des êtres; historique. — Génération spontanée............................ 77

ONZIÈME LEÇON. — Hypothèse de la préexistence des germes, imaginée par Leibnitz; adoptée par Haller, Bonnet, Cuvier; contredite par mes expériences sur les métis..................................... 88

DOUZIÈME LEÇON. — Conséquences à tirer de mes expériences sur les métis : 1° le germe ne préexiste pas; 2° la formation est instantanée, simultanée; 3° le mâle est pour autant que la femelle dans la production du nouvel être. — Animalcules spermatiques; idées fausses auxquelles a donné lieu leur découverte.. 97

TREIZIÈME LEÇON. — Hypothèse des molécules organiques, imaginée par Buffon........ 104

QUATORZIÈME LEÇON. — Hippocrate et le mélange des deux liqueurs. — Harvey et l'épigénèse. — Ma théorie : la vie ne se forme pas, elle se continue. — Force de reproduction inhérente à l'économie animale. — Expé-

Pages.

riences de Trembley. — Bonnet et l'hypothèse des germes accumulés.. 112

QUINZIÈME LEÇON. — Théorie de la formation des os. — Extirpations sous-périostées. — Le système des *germes accumulés* réfuté. 121

SEIZIÈME LEÇON. — Ovologie. — Tout animal vient d'un œuf; tout œuf vient d'un ovaire. — Vérification de cette double loi dans les mammifères. — Harvey. — Stenon. — Regnier de Graaf. — Baër. — Physiologie élémentaire de l'œuf de l'oiseau............ 135

DIX-SEPTIÈME LEÇON. — Où et comment se forment les différentes parties de l'œuf. — Jumeaux; monstruosités. — Œufs hardés. — Prétendus œufs de coq. — Développement du nouvel être dans la cicatricule. — Caractère propre de la vie fœtale.......... 142

DIX-HUITIÈME LEÇON. — Membranes de l'œuf : 1° membrane vitelline ou chorion; 2° amnios; 3° membrane ombilicale; 4° allantoïde........................ 151

DIX-NEUVIÈME LEÇON.—Tout œuf est composé de même. — Ovulation spontanée. — Description de l'œuf des mammifères carnassiers........................ 159

VINGTIÈME LEÇON. — Œuf des ruminants. — Œuf des rongeurs. — Le fœtus respire par sa mère ; expériences de Vésale et de Le Gallois. — Le fœtus se nourrit par sa mère; mes expériences................ 166

VINGT-UNIÈME ET VINGT-DEUXIÈME LEÇONS. — Mode de génération des marsupiaux. — Œuf du reptile; œuf du poisson. — La fécondation se fait sur l'œuf. — Œuf humain................................ 176

VINGT-TROISIÈME LEÇON. — Œuf des poissons osseux ou ovipares et des poissons cartilagineux ou ovo-vivipares. — Œuf de la seiche. — Transition de la vie fœtale à la vie d'adulte. — Théorie du dédoublement organi-

Pages.

que. — Générations gemmipare, scissipare, alternante.. 186

Vingt-quatrième leçon. — Distribution, localisation des êtres sur la surface du globe. — Travaux de Buffon. — Animaux de l'ancien et du nouveau continent. — *Diversité et parallélisme* des espèces. — Unité du règne animal... 198

Vingt-cinquième leçon. — Suite des travaux de Buffon sur la localisation des espèces animales. — Animaux du nord de l'Amérique et du nord de l'Europe. — Vérification de la loi du parallélisme des espèces... 206

Vingt-sixième leçon. — Géographie physiologique. — Trois continents déterminés par les faunes. — Ornithorhynque, échidné..................................... 212

Vingt-septième leçon. — Loi des climats. — Causes qui modifient la température : 1º altitude; 2º humidité. — Acclimatation des animaux. — Amélioration de nos espèces domestiques. — Loi des migrations.. 219

Vingt-huitième leçon. — Succession des êtres. — Période *brute* et période *vivante* dans l'histoire de la terre. — Idées de Descartes et de Leibnitz sur l'incandescence primitive du globe.......................... 231

Vingt-neuvième leçon. — Formation du globe; les deux opinions de Buffon à ce sujet. — Origine de la terre et des planètes; hypothèse de Buffon; hypothèse de Laplace... 239

Trentième leçon. — Vue physiologique des coquilles fossiles. — Hypothèse des *Jeux de la nature*, imaginée par la philosophie scolastique; combattue par Bernard Palissy.. 253

Trente-unième leçon. — Vue physiologique des poissons fossiles... 260

Pages.

TRENTE-DEUXIÈME ET TRENTE-TROISIÈME LEÇONS. — Vue
physiologique des reptiles fossiles................ 265

TRENTE-QUATRIÈME LEÇON. — Vue physiologique des
mammifères fossiles. — Idées fausses auxquelles la
découverte de leurs ossements a donné lieu. — Animaux du Midi découverts en Sibérie par Gmelin,
Pallas, Adams. — La paléontologie créée par Cuvier. 271

TRENTE-CINQUIÈME LEÇON. — Ossements fossiles de Sibérie (suite). — Opinions de Cuvier, de Laplace..... 282

TRENTE-SIXIÈME LEÇON. — Importance des dents en paléontologie. — Physiologie des dents. 289

TRENTE-SEPTIÈME LEÇON. — Distinction des espèces vivantes entre elles, et des espèces vivantes d'avec les
espèces fossiles. — Éléphants vivants et éléphants
fossiles....... 297

TRENTE-HUITIÈME ET TRENTE NEUVIÈME LEÇONS. — Trois
opinions de Buffon en paléontologie réfutées. — Examen des mammifères fossiles (suite). — Restitution
des pachydermes de Montmartre par Cuvier. — Cavernes à ossements fossiles...................... 302

QUARANTIÈME LEÇON. — Créations multiples et successives. — Unité de la création.................... 315

ERRATA

Page 114. Note à compléter ainsi qu'il suit :

Le livre sur la circulation (*Exercitatio anatomica de motu cordis et sanguinis in animalibus*) est de 1628 ; ses deux dissertations adressées à Riolan (*Exercitationes duæ anatomicæ de circulatione sanguinis*) sont de 1649 ; et son livre sur la génération (*Exercitationes de generatione animalium*) est de 1651.

Page 175, ligne 5 (note), au lieu de T. IV, lisez T. L.

PARIS. — IMPRIMERIE DE J. CLAYE, RUE SAINT-BENOIT, 7.